# 首饰设计

Jewelry · · Design

### 第二版

朱欢 编著

化学工业出版社

·北京·

首饰早已经走进千家万户，成为人们生活中不可或缺的一部分。首饰设计与制造也成为当今一个欣欣向荣的行业。《首饰设计》（第二版）详细介绍了首饰的设计方法和设计图的绘制技巧，同时，简要介绍了珠宝琢型与首饰加工的要点。本书在第一版的基础上，增加了一些首饰设计的最新潮流和理念，供读者参考。

　　本书适宜从事或喜爱首饰设计的专业人士参考。

**图书在版编目（CIP）数据**

　　首饰设计／朱欢编著．—2版．—北京：化学工业出版社，2017.7（2024.9重印）

　　ISBN 978-7-122-29716-7

　　Ⅰ．①首…　Ⅱ．①朱…　Ⅲ．①首饰-设计　Ⅳ．①TS934.3

　　中国版本图书馆CIP数据核字（2017）第110186号

---

| 责任编辑：邢　涛 | 装帧设计：韩　飞 |
| --- | --- |
| 责任校对：边　涛 | |

---

出版发行：化学工业出版社（北京市东城区青年湖南街13号　邮政编码100011）
印　　装：北京宝隆世纪印刷有限公司
710mm×1000mm　1/16　印张10½　字数177千字　2024年9月北京第2版第8次印刷

---

购书咨询：010-64518888　　　　　　售后服务：010-64518899
网　　址：http://www.cip.com.cn
凡购买本书，如有缺损质量问题，本社销售中心负责调换。

---

定　　价：49.80元

首饰既是艺术品，同时又具备商品属性。因此，首饰设计既要满足人们的审美心理，符合众人的表达欲望；又要尽可能顺应市场的需求，获得相应的经济价值。当代首饰设计水平的不断提高，离不开设计师对艺术设计方法的分析与研究，首饰设计需要理性的设计法则作为指导。本书介绍了首饰创意的特点和启发设计思维的方法，以帮助读者的创作思维得以实现。书中结合作者近年来的教学实践经验，以大量的首饰图纸和图例，说明首饰款式的特点和设计原则，给广大设计者提供理论基础。同时，由于首饰的工业属性，为了给初学者提供工艺理论，书中特增加了首饰材质的特点和加工方法，以便使读者能够更深入地了解工艺知识。

本书第一版在2011年编著出版，作为首饰设计专业教材及参考书。时隔6年，首饰设计专业领域，也在不断地创新和发展，在造型设计、实用功能等诸多方面，表现出了前所未有的变化。因此，在本书再版之际，结合当前首饰设计状况及未来发展趋势，对原书中的内容进行了调整与补充。

全书按照首饰设计的基本定义、基础设计原理、创意思维方法和加工工艺特点共分为八章，第一章主要介绍首饰和首饰设计定义、首饰的起源及分类、首饰设计师的综合考虑因素，使读者对首饰设计有一个基本的认识。第二章主要介绍纸、笔、尺等首饰设计的主要绘图工具。第三章主要介绍首饰设计的点、线、面和色彩基本造型元素。第四章主要介绍首饰三视图、立体图的形成和投影规律，平面、凹面、凸面金属光影效果的表达，以及金属肌理效果的绘制方法。第五章主要介绍刻面、素面、珠型和异型宝石琢型的绘制，以及常见的爪镶、包镶、迫镶、闷镶、起钉镶、微镶等宝石镶嵌方式。第六章主要介绍首饰基本类别绘制和设计技法，包括戒指、吊坠、项饰、耳饰、胸饰、手链、手镯、男性饰品和套装首饰等。第七章主要介绍自然题材、传统素材、几何抽象型、相关艺术启发下的和趣味化的首饰设计作品。第八章主要介绍常用的铂金、钯金、黄金、K金、银等常用金属材料及特性，并介绍了手造法、冲压法和铸造法三种常见的首饰加工方法。最后整理了四个附录给读者设计首饰时以作参考，分别是宝石中英文名称以及物理性质、宝石加工处理、珠宝设计的参考题材和钻石尺寸对照表。

本书的再版，前后历经一年多的时间，感谢广州番禺职业技术学院珠宝学院首饰设计与工艺专业老师的支持和帮助，感谢王昶教授在百忙之中帮我审稿，感谢我的学生蔡晓冬、刘冰荣、陈清松等为本书提供设计图稿，感谢广州芊亿珠宝首饰有限公司设计总监黄国志先生为本书提供设计图纸。在即将付梓之际，本人深知，由于学识和能力有限，书中不足之处，还需各位同行不吝赐教。

朱欢

2017 年 4 月 16 日于广州番禺

首饰设计
（第二版）

# 第一章

# 首饰和首饰设计

chapter
**one**

随着社会的进步，经济的发展，人民生活水平的不断提高。首饰不再是皇室和贵族的专享，普通人也可以拥有一件或多件首饰，如项圈、长命锁和挂满铃铛的极具趣味性的手镯；充满幻想和叛逆精神的银饰，充溢着朋克式的、后现代主义的、或者是哥特式的风格特点；步入婚姻阶段所拥有的订婚戒指、情侣对戒和结婚套件；彰显身份和地位的高档首饰系列。首饰与人们的生活息息相关，甚至可以说与人的一生联系紧密。它承载着人们的快乐，满足着人们对美的需求，是人们对美好生活向往的一种体现。

## 第一节　首饰和首饰设计的定义

首饰，英文名称"Jewelry"，原指人们佩戴在头上的装饰品。我国旧时称"头面"，多见于梳、簪、钗、步摇、冠等饰物；也有"装身具"的叫法，泛指所佩戴在身上作为装饰用的物品。后来，"首饰"一词的含义不断扩展，成为全身装饰物的总称，并显示出或典雅尊贵或美丽清新或刚毅个性的效果。由此引出狭义的首饰定义，是指用各种金属材料或宝石材料制成的与服装相配套，供人们佩戴，起到一定装饰作用的饰品。

而如今首饰已经摆脱了珠宝设计的局限性，从佩戴方式的多元化，到材质使用的广泛化，首饰不仅仅只是财富与身份的标志，也逐渐朝着个性化与时尚化的方向发展。首饰不仅可以佩戴在人体上起修饰和装扮的作用，也可以作为工艺品供陈列观赏。因此，广义的首饰是指用各种材料制成的起装饰人体及相关环境的饰品，包括摆件和部分办公用品、烟具、餐具等。

所谓首饰设计，指的是把首饰的创意、构形结合材料和工艺的要求，通过视觉的方式传达出来的活动过程，并能够保证设计图稿有实施或生产的可行性。其中，视觉表现的方式有手绘和电脑绘制两种，通过二维或三维的形式传达出来。

首饰设计包含了很多深奥的学问，综合了艺术学科与多门学科的知识。在首饰设计过程中，需要运用到美学和设计学的原理，对首饰材料进行组合和美化。还要运用到材料学和工艺学等学科的相关知识，对首饰表象进行处理和优化。总而言之，首饰设计不是一门单纯的艺术学科，也不是单纯的加工制作，它结合了艺术与工艺的美，是现代首饰生产环节中不可或缺的一部分。

# 第二节　首饰的起源

　　首饰的出现是人类对自身装饰美的一种追求，是一种复杂的社会现象，也是人类文明发展到一定阶段的产物，它的传承和演变直接反映了当时社会政治、经济变化和风俗的变迁。

　　首饰有着悠久的历史与文化，当人类的祖先穿树衣、裹兽皮的时代，就已有首饰的出现。迄今发现最早的首饰饰品始于旧石器时代，距今二十万年前旧石器时代的首饰，采用的材质为动物的牙齿、贝壳、骨骼、化石、卵石和鱼类的椎骨。古人在这些东西上钻孔，然后用植物的茎秆将其串起来，挂在脖子上。在摩纳哥附近的一个墓穴里发现的三串鱼类椎骨做成的项链，是目前为止发现的时间最早的自然首饰，大约是在公元前25000年至18000年之间。石器时代的自然风格首饰除了有美化装饰的作用之外，还被用做原始社会等级与地位的象征。脖子上挂着一串自己亲自捕获猎物的牙齿制成的首饰，往往象征着一个人的刚毅、勇敢、无畏的英雄气概（图1-1）。佩戴这种原始意味的首饰，往往象征着佩戴者获取了自然界的神秘力量，具有神秘的宗教色彩。

　　目前，中国发现最早的首饰是旧石器时代晚期，山顶洞人采用骨、牙、木、石、贝壳等容易加工的材料制成的，并且大多数用赤铁矿染成红色（图1-2）。《后汉书·舆服志》："上古穴居而野处，衣毛而冒皮，未有制度，后世圣人易之丝麻，观翚翟之文，荣华之色，乃染帛以效之，始作五采，成以为服。见鸟兽有冠角让髯胡之制，遂作冠冕缨蕤，以为首饰。"（《释名》云："冒，帽也。"）从此段文字可以判断，中国最初对首饰的定义是指装饰头部的饰品，"首"可

图1-1　美洲虎牙齿制成的项链

图1-2　山顶洞人装饰物碎块

以理解为"头","饰"则具有两方面的含义；一方面作为动词，含有装饰、打扮的意思；另一方面作为名词，指特有的装饰品，如首饰、金饰、玉饰等。首饰的雏形是古人模仿鸟兽的冠或角做成的头饰，到如今，首饰已经发展成为装饰身体的各个部位的饰品，甚至脱离人体成为装置艺术作品，具有了更广泛的概念。

作为首饰设计的初学者，应该对首饰的类型有一个初步的了解。从不同的角度去认识首饰，将有益于设计师进行设计定位以及产品开发，直至对首饰产生有一个较为具体的概念体系。

## 第三节　首饰的分类

首饰不仅仅是装饰品，有的还兼具使用功能，如打火机、眼镜、口红等。首饰的分类方法也可谓多种多样，通常以材料、装饰部位、佩戴者、艺术风格等方面进行分类，主要有如下几种。

## 一、按材料分类

1. 金属类首饰

贵金属首饰——铂金首饰、钯金首饰、黄金首饰、K金首饰、银首饰等。

普通金属首饰——铜首饰、钢首饰、铁首饰、铝首饰、铅首饰等。

特殊金属首饰——稀金首饰、藏银首饰、合金首饰、不锈钢首饰等。

2. 宝石类首饰

（1）天然宝石类首饰

高档宝石类首饰——钻石首饰、红宝石首饰、蓝宝石首饰、祖母绿首饰、翡翠首饰、和田玉首饰、金绿猫眼首饰等。

中档宝石首饰——玉石首饰、碧玺首饰、水晶首饰、玛瑙首饰、绿松石首饰、青金石首饰、孔雀石首饰、木变石首饰、葡萄石首饰、海蓝宝石首饰等。

（2）合成宝石类首饰

合成红宝石首饰、合成蓝宝石首饰、合成祖母绿首饰等。

（3）有机宝石类首饰

珍珠首饰、贝壳首饰、珊瑚首饰、象牙首饰、琥珀首饰、骨骼类首饰等。

（4）人造宝石类首饰

莫桑石首饰、合成立方氧化锆首饰、玻璃首饰等。

（5）其他类别首饰

塑料首饰、陶瓷首饰、绳编首饰、布制首饰、软陶首饰、皮革首饰、木质首饰等。

## 二、按装饰部位分类

头饰——王冠、后冠、发簪、钗、笄、梳子、头花、发卡、发夹。

面饰——耳环、耳坠、耳珰、鼻环、鼻拴、鼻钮、眉钉、唇钉、舌钉、眼镜。

颈饰——项链、项圈、颈链、吊坠、领饰、领章、护身符。

身饰——胸针、领带夹、领针、吊坠、勋章、纽扣。

腰饰——腰带、皮带扣、腰坠、带钩。

手饰——戒指、手镯、手链、臂钏（环）、手表、袖扣、指甲戒。

脚饰——脚钏、脚镯、脚链、鞋饰。

整体装饰——镜子、皮包、手套、权杖、香烟盒、打火机、笔、餐具、手机、刀、剑等。

## 三、按佩戴者分类

按佩戴者性别取向——男性首饰、女性首饰。

按佩戴者年龄分类——老年首饰、中青年首饰、儿童首饰。

## 四、按社会使用角度分类

装饰类首饰——单纯意义上的装饰作用，用于日常服装的搭配。

身份类首饰——比如旧时官员帽子上的顶子以及朝珠材质的不同，意味着官衔及身份的不同。

荣誉类首饰——比如部队颁发的勋章，NBA篮球赛冠军的戒指等。

功用型首饰——比如可放置微型照片的吊坠，带有香薰功能的首饰等。

纪念性首饰——用于周年庆典或者是有特殊意义活动时专用的首饰。

## 五、按艺术风格分类

根据首饰所表现出来的艺术风格，可以分为自然风格首饰、朋克首饰、哥特式首饰、新古典首饰、概念首饰、后现代首饰、民族风格首饰。

## 六、按价值分类

按首饰的价值分类，有高档首饰、中档首饰、低档首饰。

## 七、按佩戴场合分类

按首饰佩戴的场合分类，有宴会首饰、展示类首饰、日常首饰。

## 第四节　首饰设计师的综合考虑因素

### 一、首饰设计师的职责

首饰设计师在整个首饰生产和销售环节中，起着举足轻重的作用，首饰设计是首饰生产中必不可少的一个环节。首饰设计师的主要职责是根据自己对首饰外形的创意构思，选择恰当的材料和工艺制作手法，通过图纸或者计算机制图的形式传达表现出来。或者是根据一个季节的命题，接受顾客订单的要求进行同主题的创作，以满足企业和顾客对首饰手绘设计及电脑绘图方面的需求。

这就要求首饰设计师首先熟练掌握绘图技巧，比如基本宝石琢型的绘制、首饰的造型法则、珠宝首饰材质的表现方法等；或者是娴熟地应用计算机的多种首饰制图软件，比如Jewel CAD、Matrix等（图1-3）。辅助学习相关的珠宝鉴定知识，对珠宝首饰设计也有相当大的帮助，在一定程度上能够拓宽设计师的设计思路，尤其是在有色宝石首饰的设计上。此外，制作工艺的可实现化也很重要，无论是商业首饰还是艺术首饰，在设计师进行最初的图稿绘制后，都会面临实际制作的问题，这就要求设计师对首饰的基本材质和加工过程有一定的了解，设计出来的二维作品要能变成三维实物。要能够正确地认识图稿的设计与首饰最终成品所存在的差异性（图1-4），以便图纸的设计与表现。

此外可以多参加国内外有代表性的珠宝首饰设计比赛或

JewelCAD软件制图效果

Matrix软件制图效果

图1-3　三维软件制图效果

者是珠宝首饰展览，比如中国黄金首饰设计大赛、中国（深圳）国际珠宝首饰设计大赛、香港足金首饰设计大赛等专项赛事，这在一定程度上能提高设计师自身的创作水平和设计能力，并且通过比赛了解来年首饰饰品的发展趋势，加强设计的目的性。

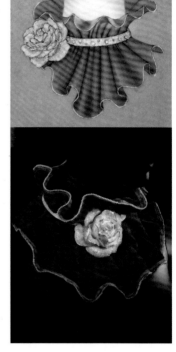

图 1-4　绘图稿和实物稿的差异性（2006 年国际珠宝设计创意大赛获奖作品）

## 二、首饰设计的装饰性和商业性

首饰设计首先是为了满足人类的审美需求，提高社会经济生活品质服务的，这最基本的物质功能决定了实用价值是其基本价值。而首饰设计的最终的价值体现，是通过市场将设计转化为商品体现的。因此，首饰设计具有鲜明的商品化特征，并受到市场的制约。由于首饰的特殊属性，在进行设计创作的时候，要权衡首饰的装饰性与商品属性两个特点。

首先，从装饰这个角度出发，设计师首先要考虑到首饰作为装饰品，是否能够体现美？体现佩戴者的个性？体现设计者的创作理念？满足人们的视觉审美和心理需求。要考虑到首饰的流行时尚性，如今我们可以通过多种媒体或者媒介了解到当年或来年的潮流趋势，包括设计风格、材质使用、流行色彩等，设计的同时要考虑到此类因素的相互联系，包括与服装的搭配问题。

其次，要考虑这个饰品与人体怎样结合？是哪个部位或者哪几个部位的装饰品。佩戴的时候是否舒适便捷，符合人体工程学。比如，金属的边角不能过于尖锐，宝石的镶嵌不能突出尖角部分，耳饰的重量不能过重，戒指边缘不能过厚等。当然，艺术化首饰另当别论，设计者的意图是为了体现某种特定的想法。

从商品这个角度出发，设计师所要考虑的则是另外一个层面的东西。主要包括以下几点。

第一，市场的认可程度。不同国家的文化差异决定其设计风格的迥异，一般来讲，商业类首饰主要是面向亚洲市场、欧美市场、中东市场这三大市场，比较这三大市场我们会发现，就亚洲地区来说，日本和韩国的设计题材较为广泛，大到自然现象，小到各种动植物和微小细胞都可以在首饰中体现出来，视觉呈现较为精致和细腻（图1-5）。中国两岸三地的设计风格也有一定的区别，比如：中国大陆地区的首饰款式相对简单，而香港的设计风格贴近欧美，台湾地区的首饰则较为古典（图1-6）。欧美国家的首饰设计用材较为广泛，从高档钻石、铂金到廉价的不锈钢和木头，不拘泥于传统的材质搭配和视觉元素，设计风格大胆新颖（图1-7）。中东地区款式也比较夸张，图案凸显当地的特色，首饰分量感十足（图1-8）。针对市场的特殊性，设计师所设计的首饰风格也应存在差异。

图1-6　中国台湾设计师王月要作品

图1-7　欧美现代风格手镯

图1-5　日本 Mikimoto 珍珠项链

图1-8　阿联酋珠宝市场一隅

第二，设计制作的可实施性。首饰设计不是停留在纸上的图画，是要通过工匠技师之手制作出来的立体产品。应注意首饰的配件设计是否合适，不应因为连接部位间隔过宽而组合不上；镶嵌是否合理，不应在佩戴过程中轻易出现掉石的情况；设计的材料是否能够容易获得，不应是受到限制的珍稀材料，比如象牙、玳瑁；设计的工艺是否能够在现行的生产条件下制作出来，不应因为制作上的困难丧失了设计的本质。要对制作实施进行全方位的考虑，减少在生产环节中不必要的损耗。

第三，设计要考虑成本的控制。铂金、黄金、18K 金和银的材料成本差异大，密度也有很大的区别，相同体积的铂金和白银，铂金的重量几乎是白银的一倍（图1-9），因此在设计时需要根据成本预算来决定首饰用材。在宝石的选用方面，应根据预算来选择价格合适的宝石。多留意原材料市场价格浮动和加工费的变化，有助于增强对成本的控制能力。除了考虑利用现有的材料恰当地设计出首饰造型之外，还要思考是否能够通过工艺技术减轻首饰的重量。比如，电铸硬足金技术的使用，在含金量、体积和外观相同的前提下可有效地减少黄金的用量，使得同等体积和纯度的足金，电铸硬足金所需要的克数为普通工艺的1/3（图1-10）。

| 材质 | 铂金 | 18K 金 | 925 银 |
|------|------|--------|--------|
| 重量 | 约12g | 约9g | 约6g |

图 1-9　同一造型戒指分别使用铂金、18K 金和 925 银材质的重量预估

进入到首饰设计这个行业中，几乎每个设计师都会要面临这样一个问题——究竟是商业化多一点，还是艺术性多一点，两者之间似乎很难找到一个平衡点。单纯商业类的首饰，可能会失去自我个性，但是迎合了市场的潮流趋向，可以获得较好的销售业绩。艺术类的首饰，往往市场认同较小，但却满足了艺术创作的自我需求与释放，彰显设计师的个人风采。设计需要多元化，

图 1-10　硬金工艺制作的吊坠（周大福）

如何把两种元素融合在一起，首饰设计者应该把握一个度的问题（图1-11）。业精于勤，设计师的不懈努力最终造就自身的成功。

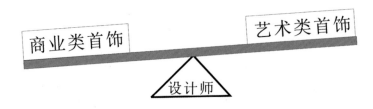

图 1-11　首饰设计师需在商业类首饰和艺术类首饰中起到良好的平衡作用

在平时的生活中，首饰设计师也应当学会捕捉设计灵感，把身边给予启发的事物首先迅速地用草图的方式记录下来，在一开始绘图时就应从三维空间设计，然后进行多种效果图的比较、具体实施性的思考，最终确定方案后再进行详细的三视图或者效果图绘制。

第二章

首饰设计的绘图工具

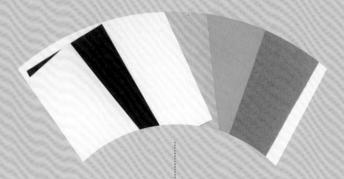

chapter
**two**

"工欲善其事，必先利其器"。好的工具能使设计工作进行得更为顺畅，更为精准地表达创意思维。由于首饰制图要求的精确性，对首饰工具有相应的要求。学习与掌握绘图工具，有助于初学者较快地掌握绘图的技巧，比如在进行戒圈绘制的时候，借助椭圆模板能够更准确地表达首饰的外型特征，并增加视觉美感。首饰绘图的工具有多种，在此介绍一些比较常用的绘图工具。每个人由于绘图习惯的差异，所需的器材会存在一定的差异性。首饰设计师需要合适的工具，正如一名战士需要合适的武器一样。在了解这些工具的具体功用之后，选择得心应手的绘图工具，将使设计创意达到事半功倍的效果。

## 一、纸张

珠宝绘图纸张一般包括四类（不包括装裱类纸张）（图2-1，图2-2）。

① 素描纸、速写纸：白色不透明，用于草稿和灵感的速记。

② 复印纸(70g以上)：白色微透明，厚度薄柔软，用于设计图稿的绘制，使用彩色铅笔或者马克笔上色和绘制阴影效果，一般不防水。

③ 拷贝纸：也叫做硫酸纸，半透明，有厚薄之分，用时用透明胶带或者夹子进行固定，用于草图的拷贝，以便准确地绘制正稿。

④ 水彩纸、彩色卡纸：水彩纸一般用于水彩和水粉颜料的上色，具有一定的吸水性；彩色卡纸有多种颜色选择，磅数高、纸厚，用于水彩、水粉颜料上色和完稿图。此外，也可以选用皮纹纸、布纹纸、牛皮纸进行绘图，使用不同底色的纸张来表现材质各异的首饰作品，效果表现别有一番风味。

纸张

①—A4复印纸；②—黑色卡纸；③—水彩纸；④，⑤，⑥—彩色卡纸

图2-1　首饰设计绘图纸张

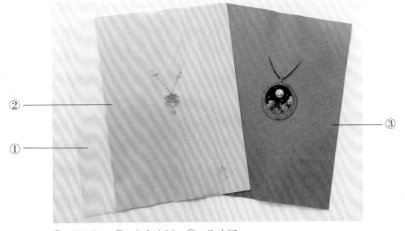

①—拷贝纸；②—灰色卡纸；③—牛皮纸

**图2-2　首饰绘图纸张**

## 二、笔类

首饰设计中使用的绘图笔，主要包括以下几类（图2-3）。

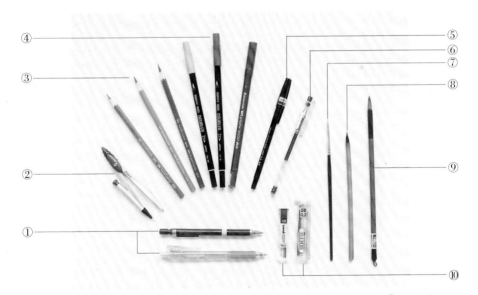

①—0.3mm和0.5mm的自动铅笔；②—圆规；③—水溶性彩色铅笔；④—马克笔；
⑤—0.5mm黑色圆珠笔；⑥—0.3mm黑色水性勾线笔；⑦—尼龙水彩笔；⑧—小红毛；
⑨—小狼毫；⑩—0.3mm自动铅芯，HB和2B

**图2-3　笔类**

① 初稿和素描　铅笔，一般用HB～2B笔芯较软的铅笔，擦拭和修改较为容易。其中，0.5mm铅芯的自动铅笔适合作草图，比普通的2B铅笔绘制出来的线条细腻。0.3mm铅芯的自动铅笔适合用作正稿的绘制，笔芯较为纤细，容易折断，在使用时应注意力度。在绘图时，有的设计师为追求极细致的绘图效果，常把笔芯在白纸或砂纸上磨尖后再使用。

② 完稿图　一般用H～4H笔芯较硬的铅笔（0.3mm H自动铅笔亦可），硬度高，适合绘制刻面较小的宝石，不易修改和擦除。铅笔图绘制完毕后可用黑色0.5mm圆珠笔或者是0.3mm极细中性笔进行勾线，再使用橡皮擦擦除铅笔稿。

③ 彩绘　彩绘分两种：一种是用于工厂生产的工程图和效果图，一般采用水溶性彩色铅笔和马克笔上色，方便且容易出效果。水溶性彩铅着色后，用蘸水的毛笔晕色，可达到与水彩着色相同的效果。另一种是用于设计比赛和展示用的效果图，采用水彩和水粉颜料上色，绘制过程相对复杂，花费时间较长，但是效果更为精美，可选用工笔画笔，比如花枝俏、小红毛进行上色，其特点是吸水性强，笔触柔软；或者采用西式水彩笔，尼龙的笔头弹性好，容易出笔触。依各人喜好选择标准会不同，可尝试多种笔类找到合适自己的工具。注意在选择时应挑选笔尖要尖且顺的笔，易掉毛者不可选。

## 三、尺类

首饰设计中使用的尺，主要包括以下几种（图2-4）。

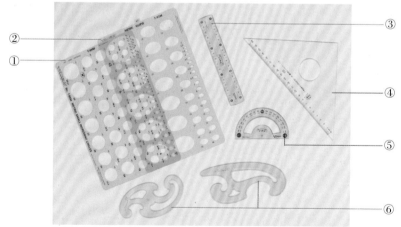

①—圆形模板；②—45°椭圆模板；③—直尺；④—45°三角板；
⑤—量角器；⑥—曲线板

图2-4　尺类

① 三角板　一般为45°和60°，是作图画线时非常方便的工具，可以搭配使用画出多个角度，操作时笔芯与尺板边缘部分保持垂直（图2-5）。两个尺板同时使用可以画平行线条，需按住其中一个尺板不移动，另一块尺板顺着前一块尺板的边缘移动。

图2-5　笔芯正确和错误使用的图例比对

② 直尺　用于线段长度的测量与线段的绘制。

③ 量角器　测量线段之间夹角的度数，在绘制有规律变化的项圈或者项链时使用较多。

④ 圆形模板、椭圆模板　首饰设计图大多是细部和细节的描绘，所以不使用会破坏纸面效果的圆规，应采用圆形模板辅助画圆。选择较薄且有柔韧性的尺板，勾画形状较为精确。画图时画笔与模板保持垂直，用力均匀，起点和终点的连接处必须看不出来才行，保证圆形和椭圆形的完美程度。其中椭圆模板有25°、35°、45°和60°四种规格较为常用。

⑤ 花式尺板　基本有矩形、三角形、心形，可勾画多种刻面宝石琢型，可依个人需求选购。

⑥ 曲线板　用手描画曲线时，有时很难画出流畅的线条来，此时可使用曲线板。有多种长短不一的弧度各异的曲线，方便不规则图形的设计创作。如大型的胸针或链坠，可利用曲线板来绘制。

## 四、其他绘图工具配件

首饰设计中使用的其他绘图工具配件，主要包括以下几种（图2-6）。

① 橡皮擦和橡皮泥　选择高品质的橡皮擦，比如4B橡皮擦，可将橡皮擦用小刀切成若干的小三角形或四角形使用，用其尖角部分擦拭较细微的部分而不影响到其他区域。橡皮泥的特点是能够随意塑形来擦拭细节部分，并能够保持纸张的干净，缺点是若捏得太细会过于柔软而无法擦拭干净。

② 小刀　用于裁纸、削笔和切橡皮擦等。

③ 削笔芯器　用于削铅笔和彩铅，比小刀更为卫生和便捷。

①—透明胶带；②—削笔芯器；③—夹子；④—橡皮擦；⑤—橡皮泥

**图 2-6　其他绘图工具配件**

④ 调色盘　用于水彩和水粉上色的颜料调和。

⑤ 笔洗　用于水彩笔和水粉笔的清洁。

⑥ 透明胶带、夹子　用于画纸的固定。

第三章

基本造型元素

chapter
three

当面对一件首饰作品时，人们会习惯性地从它的颜色开始着眼，逐渐深入地观察其他细节的部分，比如它的基本轮廓，多个形状的运用，以及肌理所带来的触感。不仅是首饰，在观察相关的艺术品或者是其他自然物体时，人们都有这样的惯性思维，用一些基本形去衡量外形与比例，寻找到简单的点或曲线使之近似于首饰的形体与结构。比如将戒指的戒圈看作是正圆，耳钉的耳针视为线段。这些观察到的基本元素，包括点、线、面、肌理和色彩，也成为了首饰设计中的基本造型元素。

## 第一节　形态中的点、线、面

同样一个面，可以用点组成，也可以用线组成，还可以用点和线一同构成。同样的点和线，可以组成不同的面和形体。如何去组织这些"语言"来表达首饰的设计主题，是值得思考的问题。在开始的设计构思阶段，有必要按照最初的意图去构筑所要表达的首饰——是活跃的、稳定的、轻巧的、厚重的、有节奏的，或者是夸张的，然后根据这些作为定位的首饰语言去选择适合的形状，然后考虑如何在图纸中安置这些形状，以突出创作者的设计理念和设计特征。

在设计之前，有必要对即将选用的形状作初步的了解。

点，没有具体的面积大小，它依据与周围图形的大小比较而确定的。在珠宝首饰设计中，一般0.01～0.1克拉（约1.3～3mm直径）的配石可以理解为"点"，柔润的珍珠也可以看作是"点"（图3-1）。点不仅仅只是圆形，还包括三角形、方形、菱形等（图3-2）。

线，是一个看不见的实体，它是点移动中留下的轨迹，在首饰设计语言中起着至关重要的作用。一般而言，直线表示冷静、刚硬；曲线表示活跃、柔和。在绘制线时，应该注意线的轻重，用粗细变化来表现首饰的

图 3-1　法国 IDee 包金戒指

图 3-2　形状各异的点

前后起伏感，空间感（图3-3）。在绘制叶形线时按照箭头所示的方向进行绘制
（图3-4），注意抬笔的力度变化，通过线的粗细体现起伏感。此外，还有平行
线、放射线、交叉线和线圈等，在绘制平行线时，可以借助两个直尺进行绘图，
以确保线的平行（图3-5）。绘制放射线和交叉线时，应使用量角器精确测量角
度。线圈的绘制则应注意将所有圆圈绘制为同心圆，偏左或偏右会减弱整体的
美观度（图3-6）。

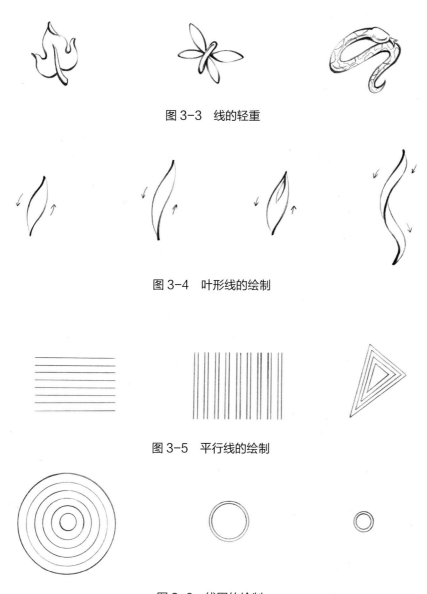

图 3-3　线的轻重

图 3-4　叶形线的绘制

图 3-5　平行线的绘制

图 3-6　线圈的绘制

面，可以说是点和线的集合体，也是线移动产生的轨迹，是形体的外表反映。在视觉语言上，一个正方形，因为其相等的四条边，可以表达出有序的状态，如果放置的时候与地平线有一定角度的倾斜，则会产生不稳定的运动感觉（图3-7）；圆

图3-7　同一正方形采用不同角度放置效果对比图

形，可以表示无限的循环，因为它既没有起点，也没有终点；三角形，给人以坚固稳定的感觉，同时它的尖角显示出锐利的一面。面，具有大小、形状、色彩、肌理等造型元素，体现的表情最为丰富。当两个或两个以上的面在画面中同时出现时，便会形成多种构成关系。可以概括为：分离、相遇、覆叠、重叠、透叠、差叠、相融和减缺（图3-8）。

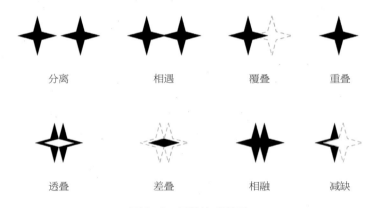

分离　　　　　相遇　　　　　覆叠　　　　　重叠

透叠　　　　　差叠　　　　　相融　　　　　减缺

图3-8　面的构成关系

通过对点、线、面这些基本形态的了解，有助于设计者使用设计语言，从而体现出作品的律动与情绪。

## 第二节　色彩的综合运用

色彩是吸引人感官的最直接有效的因素，具有良好色彩构成的首饰，能提高艺术魅力，并强烈吸引观众的注意力。色彩与人们的生活有着密切的联系，它带给人们视觉和心理上的刺激与满足感。随着时代的发展，科技的进步，现

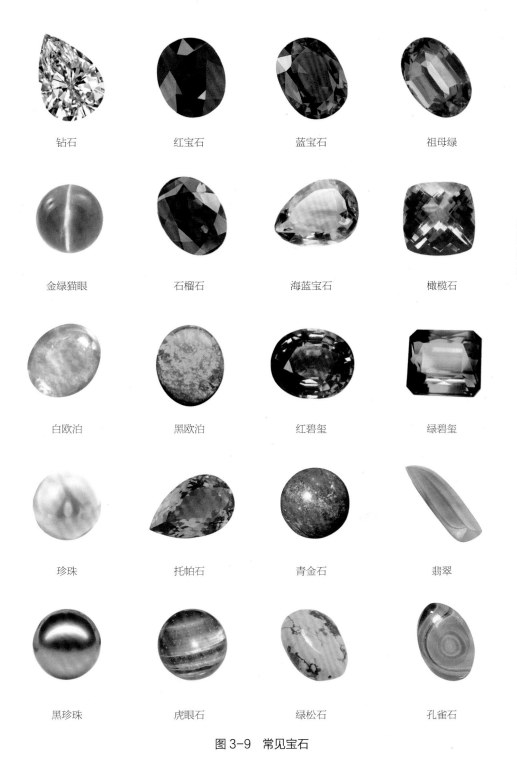

| | | | |
|---|---|---|---|
| 钻石 | 红宝石 | 蓝宝石 | 祖母绿 |
| 金绿猫眼 | 石榴石 | 海蓝宝石 | 橄榄石 |
| 白欧泊 | 黑欧泊 | 红碧玺 | 绿碧玺 |
| 珍珠 | 托帕石 | 青金石 | 翡翠 |
| 黑珍珠 | 虎眼石 | 绿松石 | 孔雀石 |

图 3-9　常见宝石

代生活已经完全离不开色彩，它也深深地影响着首饰设计领域。

　　大自然的鬼斧神工造就了色彩丰富的宝石，同种类的宝石具有多样化的色彩，比如钻石就有无色透明、粉红色、黄色、绿色、蓝色等。有些宝石经过加工切磨，可以出现一些变幻莫测的特殊光学效应，比如月光石、星光宝石、猫眼石、欧泊等。除此之外，很多种宝石的颜色不是单独存在的，是由多种色彩共同组成的，比如孔雀石、碧玺等，这极大地丰富了首饰设计创作的多样性和独特性（图3-9）。自然界赋予了宝石多样化的色彩，而金属主要是由银色（比如铂金、白银）和金色（比如黄金）这两个基础色调组成。此外，市面上常见的K金也有红色K金、绿色K金（如图3-10）、黑色K金（图3-11）。其次，电镀和珐琅工艺使金属表面的色彩变得更加丰富，如图3-12中Georg Jensen的Daisy(雏菊)系列通过电镀和珐琅工艺使金属表面呈现白、玫瑰红、紫及淡绿等颜色。

图3-11　黑色K金编织成的手链

图3-10　黄K金、绿K金和红K
金组成的项链

图3-12　Georg Jensen的Daisy(雏菊)系列

常见宝石的色彩分类，见表3-1。

表 3-1　常见宝石的色彩分类

| 常见宝石的色彩分类 | |
|---|---|
| 红 色 | 红宝石、石榴石、红碧玺、红色翡翠、红玛瑙、红珊瑚、红色尖晶石、火欧泊 |
| 黄 色 | 黄色钻石、金绿宝石、黄色蓝宝石、黄水晶、锆石、黄玉、黄碧玺 |
| 蓝 色 | 蓝宝石、海蓝宝石、蓝碧玺、绿松石、青金石、蓝黄玉、蓝色尖晶石 |
| 橙 色 | 琥珀、蜜蜡、木变石、锰铝石榴石 |
| 绿 色 | 祖母绿、翡翠、橄榄石、绿碧玺、绿松石、孔雀石、马来玉、澳玉、翠榴石、碧玉 |
| 紫 色 | 紫水晶、紫碧玺、紫色萤石、紫色翡翠、紫色蓝宝石 |
| 白 色 | 钻石、白色立方氧化锆、珍珠、象牙、白玉、无色蓝宝石、无色黄玉、白色贝壳 |
| 黑 色 | 黑色钻石、黑玛瑙、黑曜石、墨玉 |
| 灰 色 | 月光石、玛瑙 |

如今是一个五彩斑斓的时代，首饰设计也朝着色彩多元化的方向发展，越来越多的宝石被开发出来用作首饰，从而极大地拓宽了首饰设计的色彩领域。首饰设计师可以根据自然界宝石和金属的固有色彩，或施加特殊首饰工艺的金属的颜色，合理运用搭配去吸引首饰消费者的目光。在一些透明宝石的设计处理上，要考虑到金属颜色对宝石色彩的影响。比如，无色透明的钻石一般是搭配白色的金属，像铂金（俗称白金）、K白金都是较好的选择，这样的搭配更能够彰显钻石的白度和净度，如果选用黄金来镶嵌的话，钻石色泽会略微偏黄。应注意色彩搭配的调和，特别是对比色的运用时，应该区分出面积的大小，降低色调或采用邻近色达到和谐的视觉效果。如图3-13中黄色与紫色的对比应用，黄色部分的面积小于紫色的面积，有银白色这个中性色彩调和。Dior珠宝设计师Victoire de Castellane推出的Belladone Island系列（图3-14），

图 3-13　运用黄色和紫色对比色设计的戒指

图 3-14　Belladone Island 系列戒指

图 3-15 Dior diorett 系列戒指

色彩演绎虽然异常缤纷，因为红色的饱和度减弱，以及蓝色的过渡显得生动而不突兀。

设计师应分析色彩潮流趋势，选择颜色丰富的宝石和金属设计出符合潮流的饰品，以适应时装搭配的需求。在设计首饰时，也应注重色彩的季节性和节庆性，色彩往往具有象征性，在图案设计中，经常使用嫩绿色来象征春天，用翠绿色象征夏天，金黄色象征秋天，冷灰色象征冬天。在为下一季度的准备设计工作时，应考虑到下一季节的流行色彩和代表色彩，才能设计出符合潮流的，甚至是引领风尚的首饰饰品。如图 3-15 为 Dior 结合夏季的流行色彩发布的首饰主题——diorett 系列首饰，该款戒指体现了夏季的色彩，适应消费者的需求。

色彩具有明显的地域性和民族性。由于各个民族受到环境、文化、传统等因素的影响，对色彩的感知能力也会存在较大的差异。比如，中国文化崇尚大红色，经常在各种重大场合中运用到大红色，也称之为"中国红"，代表着吉祥和祝福。白色在中国的传统意义上暗示着死亡和沉静，而欧美国家却认为白色代表着纯洁和专一，常运用于婚礼场合。另外，色彩的冷暖色给予人们以冷、暖、静、躁等心理感觉（表3-2）。了解和掌握色彩的象征意义，有助于设计主题的表达与实现，使观者直观地感受到设计作品里所传递出来的信息，从而提高首饰作品的文化品位。另一层面上，了解一个国家和民族对颜色的喜好，有助于产品更好地打入当地市场。

表 3-2　色彩的象征意义

| 红色 | 强有力，喜庆的色彩，具有刺激的效果，带来热情、活力、愤怒的感觉 |
| --- | --- |
| 黄色 | 亮度最高，有温暖感，具有快乐、希望、智慧和轻快的个性，给人感觉灿烂辉煌 |
| 蓝色 | 永恒、博大，最具凉爽、清新，专业的色彩，给人感觉平静、理智 |
| 橙色 | 一种激奋的色彩，具有轻快，欢欣，热烈温馨，时尚的效果 |
| 绿色 | 介于冷暖色的中间色彩，具有和睦，宁静，健康，安全的感觉 |
| 紫色 | 一种具有女性特征的色彩，给人以神秘、压迫的感觉 |
| 白色 | 中性色彩，具有洁白，明快，纯真，清洁，肃穆，哀伤，冰冷的感受 |
| 黑色 | 中性色彩，具有深沉，神秘，寂静，悲哀，压抑的感受 |
| 灰色 | 给人以平凡，温和，谦让，中庸和高雅的感觉 |

# 第四章

# 透视与光影效果的表达

chapter
four

首饰的造型设计是一个三维立体效果图想象与表达的过程，在设计的过程中常需要用到投影法原理和透视法原理，绘制出三面投影图(三视图)和透视图(立体效果图)，来充分说明三维立体形态。首饰设计者需要在二维的平面上制造出三维立体的视觉效果。如何才能达到这样的效果，将通过图4-1说明这个道理。A、B、C、D是我们绘制在同一个平面上的四个图形，其中，正对着的A因为只能看到其中的一个面，所以本能地感觉它是一个平面。再看B，相比A多了一个顶面，但是看起来似乎还是一个平面，立体的效果并不明显；而C和D分别处在视点的左上方和右上方，同时可见到三个面，顿时立方体的体积感呈现出来，彰显出物体的立体感觉。

由此可见，设计者准确地表达首饰的投影图和透视图，需要根据造型设计从三个固定角度——顶面、侧面和正面绘制二维效果以及透视效果图。尤其在戒指的设计过程中，由于其造型空间感突出，常运用到透视法和投影法的原理进行绘制。除此之外，首饰的光影效果表达直接决定了首饰体积感与质感的表现，制约着设计者的个人发挥。因此，三维立体效果与光影效果的表达是首饰专业设计者必须掌握的基础专业知识。

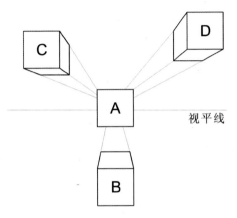

视平线

图4-1　二维平面图形的立体效果比对图

# 第一节　三视图的形成和投影规律

设计者在进行创作的时候，脑海里会产生首饰的抽象影像，然而在进行绘图的时候现实与想象之间总会存在差异，对实物体的各个角度会交代不清晰。因此，必须将想象整理成为笔下详细精确的投影图，以便首饰的加工制作。仅凭一个方向的单面投影是不能够准确地表达物体形状的（图4-2），因此通常把物体放在三面投影体系中进行投影。

三面投影图是根据光线照射物体时，投射在墙壁或者是地面上所形成的物体影子的原理绘制的，能够在二维的平面上表示三维的物体形状。体的投影实际上是构成该体的所有表面的投影总和。在实际的首饰制图中，物体在正面上的投影反映物体的长和高，称之为主视图，也叫正视图（用 V 表示）；物体在水平面上的投影反映物体的长和宽，称之为俯视图（用 H 表示）；物体在侧面上的投影反映物体的宽和高，称之为侧视图（用 W 表示）。（图4–3）

一个视图只反映一个方向上的形体的形状，在具体的绘制表达上，应该与实物一比一进行（图4–4）。三视图常运用于戒指的设计绘图中，而装饰花形不对称的戒指的绘制，甚至需要运用到四视图，即侧视图分为左视图和右视图两个角度分别绘制。

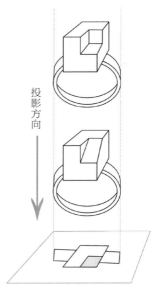

图4-2　单面投影图

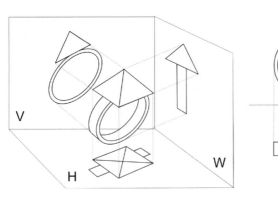

图4-3　三面投影图

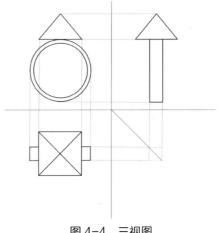

图4-4　三视图

## 第二节　透视图的绘制

在现实生活中人们常有这样的经验，看一条笔直的马路会形成近大远小的变化，直至消失于最后一点（图4–5）。这是由于人类的视觉作用引起的，这种透视作用可以使人们感受到空间、距离的变化，或者是体会到物体自身丰富的表面形态。

图4-5 马路近大远小的透视图

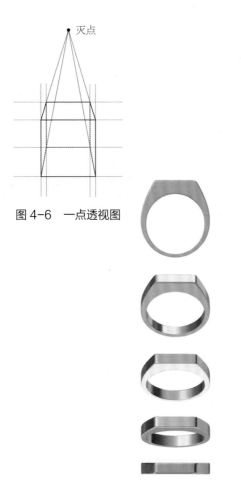

灭点

图4-6 一点透视图

图4-7 戒指的透视变化

透视图的画法是根据透视的基本规律固定人的视点，通过连接视点与物体各个点的线，把三维的立体形态或者是空间形态绘制在物体与视点之间的画面上，从而把三维的立体物体通过二维的平面空间绘制出来，这种表达方式给予观看者空间的想象，符合人类对立体物体的视觉习惯。主要透视方法有一点透视、二点透视、三点透视，根据灭点（也就是视线的消失点）的数量而定。在首饰设计实践中，由于珠宝的体积大多较小，透视效果相对较弱，一般采用透视图一点透视（平行透视）、两点透视（成角透视）。

一点透视（平行透视）中，物体的两个立面与画面平行，剩下的两个立面与画面形成90°的直角，这样只能形成一个灭点（图4-6）。这种透视的优点是：表现的纵深感强，范围广，绘制相对简单，适合表现首饰其中一个主要面。在透视过程中，会因为灭点位置的偏向而导致视图的多种变化（图4-7）。

两点透视（成角透视）中，当把立方体画到画面上时，有两个灭点，立方体的四个面相对于画面倾斜成一定角度，一般45°和30°、60°角的两点透视较为常见，直到往纵深平行的直线产生了两个消失点（图4-8）。两点透视的优点是对首饰表现的形态充分、生动、肯定，但相对一点透视来说也较难绘制。在绘制时应注意消失点离物体不能过近或过远，一般以物体长度的两倍半左右为宜，如图4-9所示。

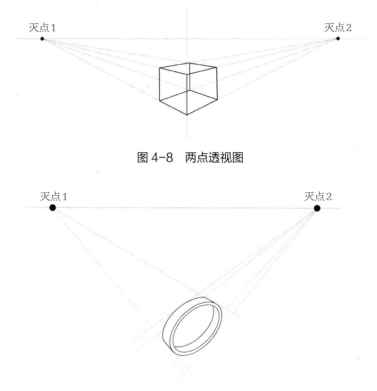

图4-8　两点透视图

图4-9　戒指的两点透视图

## 第三节　金属光影效果的绘制

　　无论是素金的款型，还者是镶嵌的样式，贵金属都是首饰的重要组成元素。诸如黄金、铂金、K金和银等金属用材，表面呈现出耀眼的金属光泽，构成了曼妙的首饰。平面、微凸面、凸面、凹面、斜面和棱面的金属，在光源的影响下，会有亮面、灰面、暗面、明暗交界线和反光部分。在下笔时，物体通过黑白灰的对比，突显出金属的体积感和质感（图4-10）。

平面金属 平面金属

微凸面 凸面

凹面 内斜面

斜面 棱面

图 4-10　金属面的表现

在进行光影效果图的绘制时，最好假设一个受光源，比如画面的左上方。绘制调子或者上色时，明暗交界线是整个首饰物件最重的部位，需要进行着重强调，采取加深色调的手法（图4-11）。笔触尽量细致，一组一组进行绘制。不要出现明显的交叉线条，线条的衔接处理自然流畅。

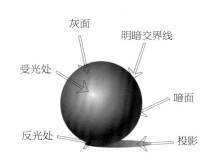

图 4-11　光影效果图示例

图4-12中详细列出了金属画法参考图样，可以依据范例进行平面、凸面和凹面金属的临摹，在临摹时需注意体现出金属的反光感和高贵感。也可以通过临摹首饰实物款图来提高描影的技巧，选用能够清晰反映物体明暗关系的图片，以便更好地掌握首饰明暗变化的规律和特点。

凸面黄金

凸面铂金

平面黄金

平面铂金

凹面黄金

凹面铂金

图 4-12　金属画法参考图样

## 第四节　金属的肌理效果

　　首饰的表面存在很多差异，显现出多种特征，比如一些凹陷或凸出的面，有的纵横交错，有的粗糙不平，我们将这种经过处理的金属表面效果称为肌理。肌理效果在首饰设计中的运用，能够丰富首饰的表现力，增强画面的生动性和趣味性。在首饰设计的表现上，同样一个物体，如果在它的表面赋予不同的肌理效果，就会产生多种视觉语言。各种不同的肌理效果传达着不同的视觉信息，带给人们不同的心理感受，有的是犀利，有的是朦胧，有的是温和等。了解金属的肌理效果，有效传达出首饰表面的质地信息，就能够把单一的金属多样化地阐述，从而使首饰设计的表达丰富化。

　　由于选用的首饰制作材料大多是金属类别，在进行首饰设计时，需要综合进行考虑，发挥出金属本身的内在属性来丰富首饰的设计。金属表面的肌理主要有抛光、拉丝、錾刻、砂纹、树纹等（图4-13），设计师根据首饰造型风格的需要，将首饰材料刻意地处理、改造而产生肌理感受。在绘制时，先淡淡地描影，再画上肌理，明暗交界处加强肌理的表现，明亮处则少画一些，高光处可以减少描影绘制，并注意过渡的自然性，详见图4-14中多种肌理效果手绘参考。

　　拉丝处理　利用线纹錾刀或砂纸锉刀在金属表面打出一条条的细线，也称擦痕处理。

　　砂纹处理　利用金刚砂（极小颗的石榴石），在金属表面打出细小的痕迹，或以砂纹专用錾刀在金属上打出纹路来。或者是采用喷砂机将金属首饰工件喷成麻面的一种工艺。

**图4-13　多种肌理效果的德国 Neissing 戒指**

拉丝处理                砂纹处理                錾刻处理

酸蚀处理                布纹处理                车花处理

**图 4-14　多种肌理效果手绘参考**

　　錾刻处理　　主要通过各式花纹的錾子在金属板上表面压印形成凸起和凹陷的纹理，并且将图案的立体效果表现出来。在压印花纹之前，金属板要进行退火处理。

　　酸蚀处理　　在金属表面将一些部位保护起来，用酸腐蚀掉未保护的地方，从而形成图案的方法，也称蚀刻处理。

　　布纹处理　　经线纹处理后，利用线纹刀在金属表面打出细微的交叉线，也称缎纹处理。

　　车花处理　　主要通过各式花纹车花刀具，在金属表面上刻印形成纹理。

# 第五章

# 宝石琢型与镶嵌方式的绘制

chapter
five

宝石广义上是指美丽、耐久、稀少的矿物。美丽，意为颜色鲜艳、质地晶莹或光泽灿烂；耐久，是指在大气和化学药品作用下不易起反应；稀少，即为罕见的矿物，"物以稀为贵"，越为稀少的宝石价值也愈高。宝石级的矿物经过琢磨和抛光后，能够达到用于制作首饰的要求，是狭义的宝石定义。宝石拥有美妙的颜色和闪耀的光泽，它曼妙的造型尽可能地发挥着自身独特的魅力，当面对那一颗颗精心雕琢的宝石时，便会为它的美丽而驻足，从而引发对宝石无限的热爱与追崇。

## 第一节　宝石琢型的绘制

宝石的琢型是指宝石原石经过人工琢磨后所呈现的造型，也称宝石的切工或款式。为了体现宝石的美，设计者也不断地创意构思各种切割方式和造型，创造出多种宝石琢型。宝石的琢型通常分为四大类：刻面型、素面型、珠型和异型。

### 一、刻面型

刻面型宝石是根据特有的琢型设计，切割出多个刻面并按一定规则排列组合而成，呈现规则对称的几何多面体。宝石有透明、半透明和不透明之分，一般透明的宝石常切割为刻面宝石，如钻石、红宝石、蓝宝石、祖母绿等。这些宝石通过折射从各个角度射进的光线，闪耀出美丽的光芒。

刻面型宝石主体分为冠部、腰部和亭部三大部分，在国际上有统一的切割标准，通过宝石的尺寸可以计算宝石的重量。以圆钻型标准切割的钻石为例，为了让光全部折射到钻石上面，其切割的角度要经过精密的计算（图5-1）。从圆钻的直径可以换算出它的重量（表5-1）。宝石的重量单位是克拉（ct），1克拉（ct）等于0.2克（g），1克拉（ct）等于100分(100')。此外，常见的切割方法有菱形、圆形、椭圆形、水滴形、橄榄形、心形、方形、梯形、半圆形、窗形、三角形、五角形和五角星形切割等（图5-2）。

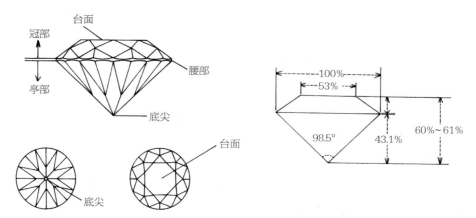

图 5-1 圆形标准切割钻石

表 5-1 圆钻直径与重量的近似换算

| 直径/mm | 重量/ct | 直径/mm | 重量/ct | 直径/mm | 重量/ct |
|---|---|---|---|---|---|
| 1.3 | 0.01 | 3.3 | 0.14 | 6.5 | 1.00 |
| 1.75 | 0.02 | 3.5 | 0.16 | 7.0 | 1.25 |
| 2.0 | 0.03 | 3.6 | 0.17 | 7.4 | 1.50 |
| 2.4 | 0.05 | 3.7 | 0.18 | 7.8 | 1.75 |
| 2.6 | 0.06 | 3.8 | 0.20 | 8.2 | 2.00 |
| 2.7 | 0.07 | 4.0 | 0.23 | 8.5 | 2.25 |
| 2.8 | 0.08 | 4.1 | 0.25 | 8.8 | 2.50 |
| 2.9 | 0.09 | 4.25 | 0.30 | 9.05 | 2.75 |
| 3.0 | 0.10 | 4.5 | 0.40 | 9.35 | 3.00 |
| 3.1 | 0.11 | 5.0 | 0.50 | 9.85 | 3.50 |
| 3.2 | 0.12 | 6.0 | 0.75 | 11.0 | 4.00 |

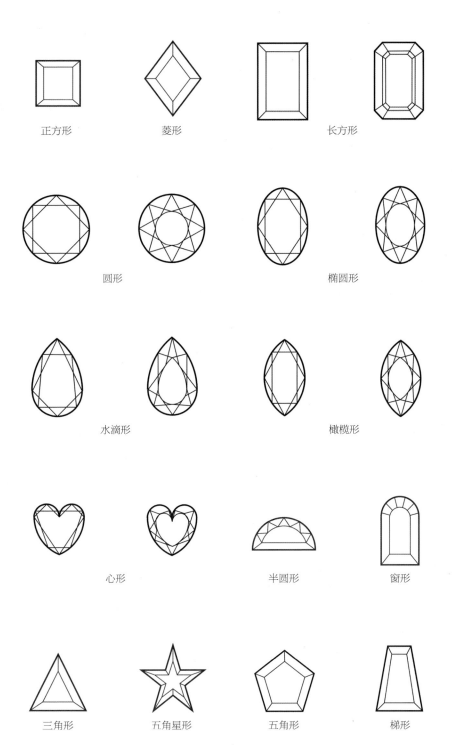

正方形　　　　　菱形　　　　　　　　　　　　　　长方形

圆形　　　　　　　　　　　　　椭圆形

水滴形　　　　　　　　　　　　橄榄形

心形　　　　　　　　　半圆形　　　　　　窗形

三角形　　　　五角星形　　　　五角形　　　　梯形

图 5-2　常见刻面宝石款式

首饰设计师在进行宝石琢型绘制时，应了解基本的宝石琢型。通常所需要绘制的宝石颗粒较小，而设计图纸的绘制比例一般为1：1，在有限的空间里不可能完全把宝石的刻面完整描绘出来，并且，若是看到刻面线条充满宝石，反而无法体现它的美。所以，为了表现宝石的美感，通常需要省略部分切割面，通常会强调宝石受光的一面，一般假设在宝石台面的左上方，并画出光影效果，充分表现宝石的立体感和透明感，体现设计效果图的准确性与完整性。背光处通常假设在右下方，进行虚化处理。图5-3以常见刻面宝石的绘制步骤图简约归纳出画法。

1. ϕ15mm简单圆形（图5-3）

① 建立直角坐标系，过原点作两条45°线。

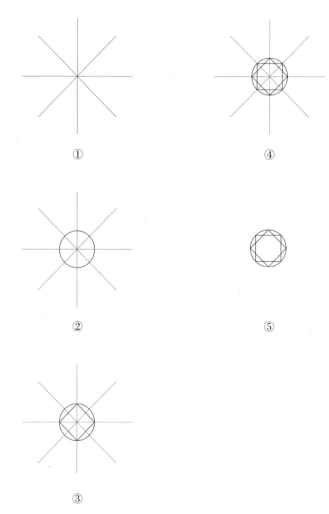

图5-3　ϕ15mm 简单圆形

② 以7.5mm为半径画圆。

③ 连接坐标与圆的交点。

④ 连接45°交叉线与圆的交点。

⑤ 擦去辅助线。

2．$\phi$15mm标准圆形（图5-4）

① 建立直角坐标系，过原点作两条45°线。

② 以7.5mm为半径画圆。

③ 以4mm为半径画一个小圆。

④ 从大圆与直线的交点依次连接小圆与直线的交点。

⑤ 擦去辅助线。

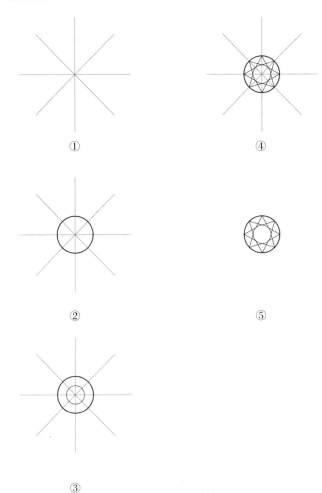

①　　　　　　　④

②　　　　　　　⑤

③

图 5-4　$\phi$15mm 标准圆形

### 3. 12mm×18mm简单椭圆形（图5-5）

① 建立直角坐标系，用45°椭圆模板绘制一个12mm×18mm的椭圆形。

② 以圆点为中心，作一个12mm×18mm的矩形。

③ 经过矩形的对角点和原点，分别作两条直线。

④ 根据交叉的直线和椭圆的交点，作一个小矩形。

⑤ 再根据交叉的直线和椭圆的交点，作一个小菱形。

⑥ 擦去辅助线。

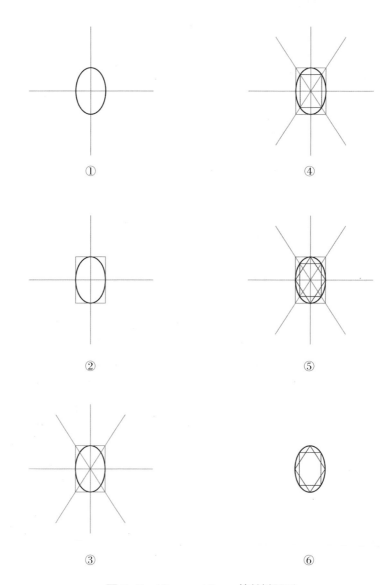

图 5-5　12mm×18mm 简单椭圆形

## 4. 12mm×18mm 标准椭圆形（图5-6）

① 建立直角坐标系，用45°椭圆模板绘制一个12mm×18mm的椭圆形。

② 以圆点为中心，作一个12mm×18mm的矩形。

③ 经过矩形的对角点和原点，分别作两条直线。

④ 在大圆内部作一个7mm×10mm的小椭圆形。

⑤ 从大圆与直线的交点依次连接小圆与直线的交点。

⑥ 擦去辅助线。

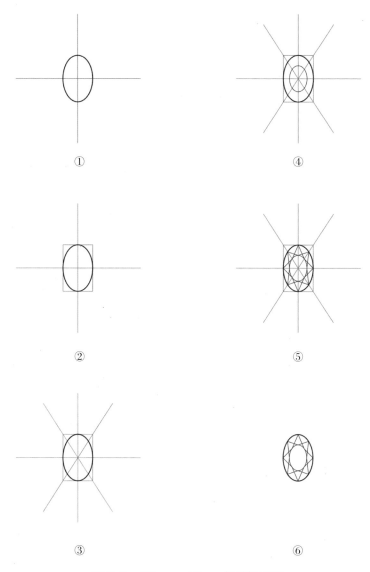

图5-6　12mm×18mm 标准椭圆形

5. 10mm×18mm简单橄榄形（图5-7）

① 建立直角坐标系，作一个10mm×18mm的矩形。

② 在横坐标上找两个点分别作为两个圆心，经坐标和矩形的交点作两个大圆。

③ 将橄榄形的右上部用直线平均分成三份。

④ 根据弧线与中间直线的交点，分别向两边引垂直线，作一个矩形。

⑤ 再经过其余两个交点，在橄榄形内作一个菱形。

⑥ 擦去辅助线。

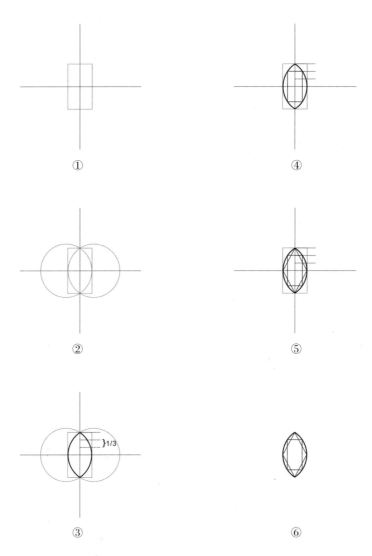

图5-7　10mm×18mm 简单橄榄形

6. 10mm×18mm标准橄榄形（图5-8）

① 建立直角坐标系，作一个10mm×18mm的矩形。

② 在横坐标上找两个点分别作为两个圆心，经坐标和矩形的交点作两个大圆。

③ 擦去多余的弧线，作矩形的对角线。

④ 在大橄榄形内部画一个6mm×10mm的小橄榄形。

⑤ 从大橄榄形与直线的交点依次连接小橄榄形与直线的交点。

⑥ 擦去辅助线。

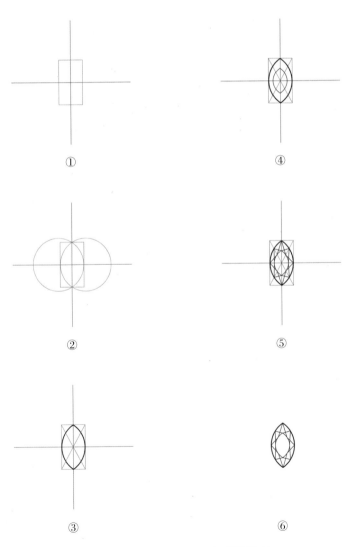

① ④

② ⑤

③ ⑥

图 5-8　10mm×18mm 标准橄榄形

7. 12mm×18mm简单水滴形（图5-9）

① 建立直角坐标系，以6mm为半径画一个半圆弧，并确定（0，12）点。

② 经过（0，12）点和半圆弧的端点分别画两个圆，圆心在横坐标上。

③ 描绘水滴外形，同时可擦去辅助的圆。

④ 作一个内切水滴形的12mm×18mm的矩形，并作出矩形对角线。

⑤ 分别连接水滴与直角的交点。

⑥ 擦去辅助线。

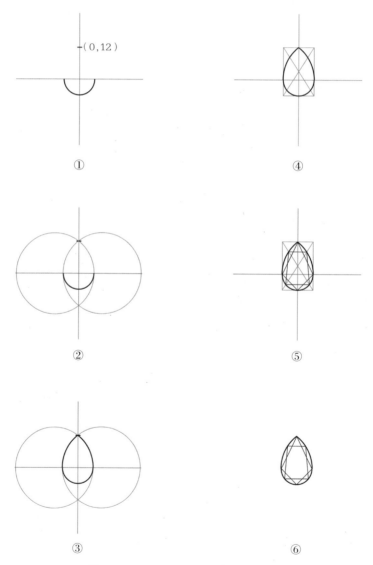

图 5-9　12mm×18mm 简单水滴形

8. 12mm×18mm 标准水滴形（图5-10）

① 建立直角坐标系，以6mm为半径画一个半圆弧，并确定（0，12）点。

② 经过（0，12）点和半圆弧的端点分别画两个圆，圆心在横坐标上。

③ 擦去辅助的圆圈，作一个内切水滴形的12mm×18mm的矩形，并作出矩形对角线。

④ 用同样的方法作一个7mm×11mm的小水滴形，顶点是（0，7.5）。

⑤ 从大水滴与直线的交点向小水滴与直线的交点相互连接。

⑥ 擦去辅助线。

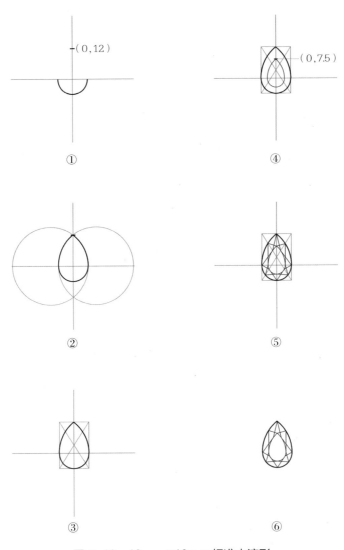

图5-10　12mm×18mm 标准水滴形

## 9. 12mm×18mm简单长方形（图5-11）

① 建立直角坐标系，作一个12mm×18mm的矩形。

② 将右上边平均分作三等份。

③ 在靠外围的1/3处作内部小矩形的边，小矩形尺寸为8mm×14mm。

④ 连接大矩形和小矩形相对的定点。

⑤ 擦去辅助线。

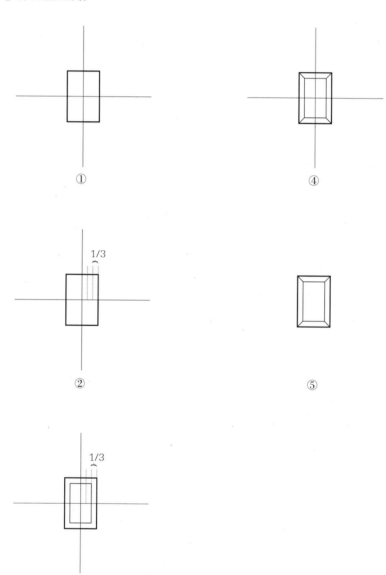

图 5-11　12mm×18mm 简单长方形

10. 12mm×18mm标准长方形（图5-12）

① 建立直角坐标系，作一个12mm×18mm的矩形。

② 将右上边平均分作三等份，以1/3的宽度分别在左右两边作垂直线，并以同样的宽度在上下作两道平行线。

③ 把纵轴平均分成三等分，在1/3和2/3处分别连接矩形与辅助线的交点，成四个锐角。

④ 分别连接大矩形与辅助线的交点，同时连接小矩形与辅助线的交点。

⑤ 擦去多余的辅助线，并在小六边形内作一个7mm×13mm的六边形。

⑥ 擦去辅助线。

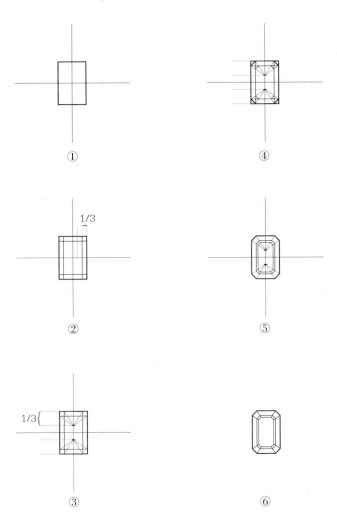

图 5-12　12mm×18mm 标准长方形

11. 12mm×12mm 简单心形（图5-13）

① 在纵坐标两边作两个半径3mm的半圆，确定（0，9）点。

② 在横坐标上选两个点分别作两个大圆，经过小圆弧的两端和（0，9）点。

③ 在小半圆的1/2宽处作辅助线，并分别连接到圆形与坐标的交点。

④ 在小半圆高度的1/2处即高度为1.5mm处作辅助线，在距心形底部1.5mm处同样作辅助线。

⑤ 连接辅助线与心形的交点。

⑥ 擦去辅助线。

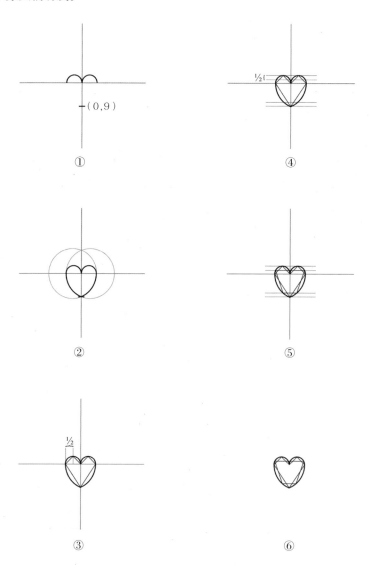

图 5-13　12mm×12mm 简单心形

## 12. 12mm×12mm标准心形（图5-14）

① 在纵坐标两边作两个半径3mm的半圆，确定（0，9）点。

② 在横坐标上选两个点分别作两个大圆，经过小圆弧的两端和（0，9）点。

③ 用与前述步骤相同的方法，作一个7mm×7mm的小心形。

④ 作一个12mm×12mm的矩形作为大心形的外框，在矩形与纵坐标的交点处引向矩形的四角作对角线，横向连接对角线的交点，并在矩形上半部作纵向的连接。

图 5-14　12mm×12mm 标准心形

⑤ 从大心形与辅助线的交点引向小心形与辅助线的交点，注意连接大心形和小心形相对应的凹陷处，即与纵轴重叠部位。

⑥ 擦去辅助线。

由于绘图1：1比例的需要，小颗粒刻面宝石的琢型表现方法会更为省略。在小颗粒宝石的绘制处理上需要加强受光面的棱线，如果宝石直径小于1.3mm时，可在宝石中间偏左处绘制一个点代表刻面。在棱线的具体表达上，画法会因人而异，在此列举小颗粒宝石绘制的几种方法，如图5-15所示。

图5-15　小颗粒宝石画法

## 二、素面型

　　不透明或者半透明的宝石一般切磨成素面宝石，如翡翠、欧泊、孔雀石、葡萄石等，这种琢型也称弧面型或凸面型。其特点是能够大面积整体的反映出宝石特有的色彩和光泽，以及一些特殊的光学效应（图5-16）。

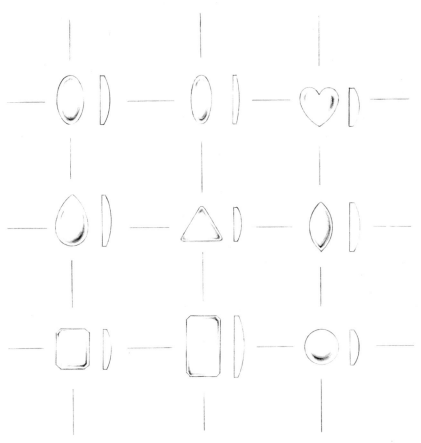

图 5-16　素面宝石款式和侧视图

　　如果要使用水溶性彩色铅笔表现常见刻面及素面型宝石，可以参考常见刻面和素面型宝石的彩色铅笔表现效果图（图5-17）。一般来说，彩色铅笔表现宝石色彩可采用宝石的固有色进行描绘，预留出高光和反光区域，可将笔头削尖勾勒宝石轮廓和刻面线。在体现刻面宝石的台面时，可参考金属镜面肌理的绘制方法，衬托其高反光效果。

图 5-17　水溶性彩色铅笔绘制宝石方法

## 三、珠型

中、低档的宝石常加工成此类型，如紫水晶、虎睛石、玛瑙等。根据其形态特征可划分为圆珠、椭圆珠、扁圆珠、圆柱珠和棱柱珠等（图5-18）。

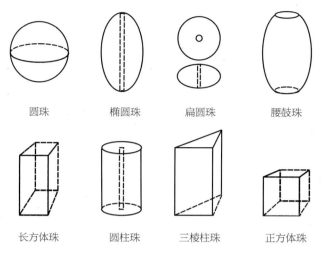

| | | | |
|---|---|---|---|
| 圆珠 | 椭圆珠 | 扁圆珠 | 腰鼓珠 |
| 长方体珠 | 圆柱珠 | 三棱柱珠 | 正方体珠 |

图 5-18　珠型琢型

## 四、异型

异型宝石包括无机随型和自然随型。无机随型可以依据宝石的材质特点或者是人们的喜好而琢磨成不对称或不规则的形状，比如玉石的巧色作品，可依据宝石的多色性进行艺术塑造。自然随型则多见于有机宝石类，比如珊瑚、异型珍珠，承自天然生成的形状，具有独特性（图5-19）。

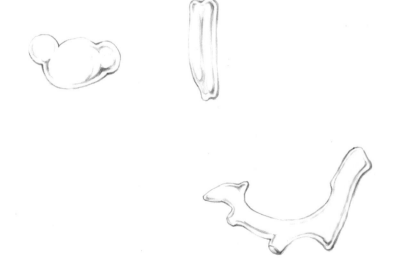

图 5-19　异型琢型

# 第二节　宝石的镶嵌方式

切磨后的宝石，需要使用金属进行镶嵌，黄金、铂金、K金和白银往往是最佳选择。多彩绚丽的宝石，搭配上形态各异的镶嵌方法，会让你的首饰作品具有细节美，衍生出多种风味。首饰的镶嵌方式是首饰制作工艺里极其重要的一个环节，同时，绘制宝石的镶嵌方式也成为了首饰设计的基本内容。

宝石的琢型和透明度在一定程度上影响到宝石的镶嵌方式，常见的镶嵌方式有爪镶、包镶、迫镶、闷镶、起钉镶、微镶等。在首饰设计图中，需要明确地绘制出宝石的镶嵌方式与连接方式。宝石款式和镶嵌方式是首饰设计的基石，认识与掌握两者有助于设计的发挥与创作。

## 一、爪镶

爪镶，顾名思义，是利用金属爪达到固定宝石的方法（图5-20）。爪镶能够最大限度地突出宝石，透光性好，用金量少，加工方便。一般有两种工艺方式，一种是直接将金属爪压弯扣紧宝石，这种传统的爪镶主要用于弧面形、方形、梯形、随意形宝石和玉石的镶嵌。另一种则是在镶爪内侧车出一个凹槽卡位，通过向内侧挤压卡位，达到卡住宝石的目的，这种方式比较现代，主要用于圆形、椭圆形等刻面型宝石的镶嵌（图5-21）。

根据镶爪的数量可将爪镶分为：二爪、三爪、四爪和六爪镶，例如著名的"蒂芙尼镶口"指的就是典型的六爪或八爪镶嵌，常用于钻石等透明刻面宝石的

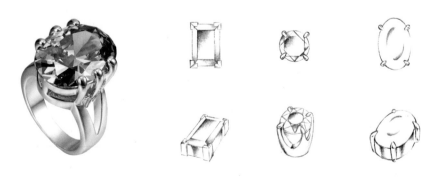

图 5-20　爪镶　　　　　　　　图 5-21　爪镶的绘制方法示例

镶嵌。根据镶爪的形状可分为三角爪、圆头爪、方爪、包角爪、尖角爪和随形爪等。嵌爪可以进行共爪镶嵌，即一个镶爪可以兼顾固定二颗宝石（图5-22）。形状上的变化赋予了首饰丰富的装饰效果，同时具备固有的镶嵌功能。

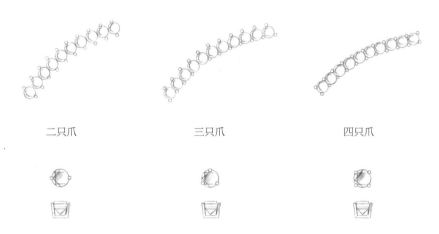

二只爪　　　　　　　　三只爪　　　　　　　　四只爪

图 5-22　共爪镶的绘制方法示例

## 二、包镶

　　包镶是用金属边沿宝石四周围住的一种镶嵌方式，这种镶嵌方法比较牢固，且不易修改，适合于颗粒较大的凸面和异形宝石的镶嵌（图5-23，图5-24）。由于金属边的包裹面积较大，透光性相对较弱，不利于透明宝石的镶嵌。根据金属边包裹宝石范围的大小，一般可分为全包镶和半包镶两种。

　　包边金属的厚度根据宝石的大小和包边的形式决定，一般用于包镶小型素面宝石的金属片厚度为：标准银0.3mm、黄色18K金0.2mm。

图 5-23　包镶　　　　　　　　　　　图 5-24　包镶的绘制方法示例

## 三、夹镶

夹镶又称作轨道镶、迫镶或槽镶。它是在首饰镶口两侧车出沟槽，将宝石腰部夹入沟槽的镶嵌方法（图5-25）。如果是多颗宝石镶嵌，宝石呈直线形夹在两条金属"轨道"中间，一般用于小颗粒宝石排镶或豪华款式的曲线排镶，宝石与宝石之间的位置排列紧密，整齐美观（图5-26）。

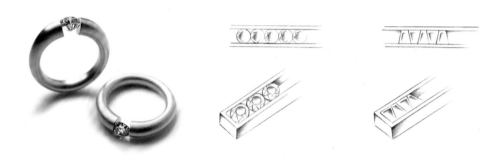

图 5-25　Niessing 夹镶戒指　　　　图 5-26　夹镶的绘制方法示例

## 四、闷镶

闷镶，也称打孔镶或窝镶。是预先在金属上根据宝石的腰部大小打孔，在孔内修出底座，通过挤压四周金属夹紧宝石的镶嵌方法（图5-27，图5-28）。从侧面看，宝石的顶部与金属面基本持平。从顶部观察，宝石的外围有一圈下陷的金属环边，能够在视觉上达到增大宝石的效果。主要用于小颗粒刻面宝石或副石的镶嵌，多用于制作男款戒指。

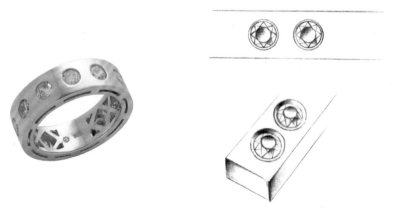

图 5-27　闷镶　　　　　　　　图 5-28　闷镶的绘制方法示例

## 五、钉镶

钉镶，是在镶口旁制作小钉来镶住宝石的一种方法，主要用于直径小于3mm的小颗粒宝石或副石的镶嵌（图5-29，图5-30）。随着技术的进步，出现了更为细致的钉镶工艺——微镶，这种镶嵌方式所采用的钻石直径一般为0.3mm，并在双目显微镜下进行镶嵌，其构思来源于手表镶嵌钻石的工艺。除此之外，常见的钉镶方式有起钉镶，需要在金属上预先打孔，并剔出一个座口，从离宝石1.6mm的位置开始，铲起旁边金属起钉，接着铲掉宝石与钉之间多余的金属，并整理出相应的造型。根据镶嵌时钉与宝石相互配合的方式，可分为三角钉（三石一钉）、四方钉（四石一钉）、五角钉（五石一钉）、梅花钉（六石一钉）等形式。根据钉镶的排石方法可以分为规则群镶和不规则群镶。

图 5-29　钉镶

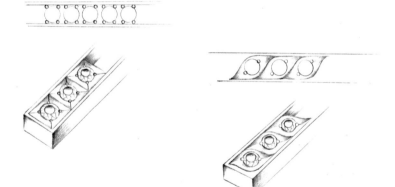

图 5-30　钉镶的绘制方法示例

## 六、无边镶

无边镶，是用金属槽或隐藏的轨道固定住宝石的腰部，并借助宝石之间以及宝石与金属边之间的压力达到固定宝石的一种镶嵌方法，也称隐秘镶（图5-31，图5-32）。从表面看上去，宝石之间排列紧密，没有金属边框。首饰整体感觉豪华，张扬跳跃。

图 5-31　TTF 无边镶胸针　　　　图 5-32　无边镶的绘制方法示例

## 七、缠绕镶

　　缠绕镶是将金属线缠绕起来达到固定宝石的目的，多用于随形宝石的镶嵌（图5-33，图5-34）。粗加工的半宝石，比如白水晶、紫水晶、发晶、芙蓉石等，色彩丰富，形状不规则，可以用缠绕镶的方法进行镶嵌。使首饰的表现多样化和个性化，一定程度上增加了整体的艺术感。

图 5-33　缠绕镶　　　　　　图 5-34　缠绕镶的绘制方法示例

## 八、珠镶

　　珠镶，也叫插镶，主要用于珍珠的镶嵌（图5-35，图5-36）。将宝石打孔之后，在孔内放置专用胶水，并插入焊接在首饰支架上的金属针，从而达到固定宝石的镶嵌方式。插镶能够最大程度的显现珍珠的特征，增加美感。

图 5-35　珠镶　　　　　　　图 5-36　珠镶剖面图及绘制方法示例

## 九、混镶

　　混镶，采用两种或者两种以上的镶嵌方法达到固定宝石的镶嵌工艺（图5-37，图5-38）。在一件首饰上采用多种方法进行镶嵌，结合迫镶的整齐有序，起钉镶的形态多变，无边镶的张扬跳跃等。各种不同镶嵌方法的结合，使得首饰作品变化多端，给人新颖、独特的感觉。

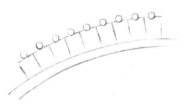

图 5-37　混镶　　　　　　　图 5-38　混镶的绘制方法示例

第六章

首饰基本类别绘制和设计技法

chapter
six

首饰设计的出发点是以人为本，既要具有一定的佩戴功能，必然也要遵循自然与客观的法则来进行。设计时需清楚人体各部分的尺寸，首饰的重心控制，以及首饰和人体各部分在活动时的相互关系。首饰设计是将"美"与"适"高度统一，"物"与"人"完美结合。本章主要根据首饰的佩戴部位进行分类，主要分为：戒指、手链与手镯、吊坠、项链与项牌、耳饰、胸饰、男性饰品和套件首饰的设计。

## 第一节　戒指的设计原则和绘制方法

戒指历史较为悠久，直至今日仍然深受人们的欢迎，设计的数量和频率普遍偏高。戒指比其他类别的首饰更具有立体感，在设计图的表现上整体感和视觉感颇强，学习过程也较为繁琐。一般而言，戒指的设计分为两大类：一类是金属戒指，是指没有镶嵌任何宝石的金属戒指（图6-1），分为素圈戒指和花式戒指两种；另一类是宝石戒指（图6-2），是指镶嵌有宝石的戒指，又分为单头宝石戒指和群镶戒指。其中，单头宝石戒指只镶嵌有一粒宝石，款式较为简洁，如我们常见的钻石戒指；群镶戒指则由多粒宝石镶嵌而成，有的均为小颗粒宝石，也有的是以主石和副石相结合的方式。

戒指的主体结构一般由戒面、戒肩、戒腰、围顶、指圈和戒圈六个部分组成，如图6-3戒指结构图所示。每个结构具体所指的部位如下。

素圈戒指　　　　　　　花式戒指

**图6-1　金属戒指**

单头宝石戒指　　　　　群镶戒指

**图6-2　宝石戒指**

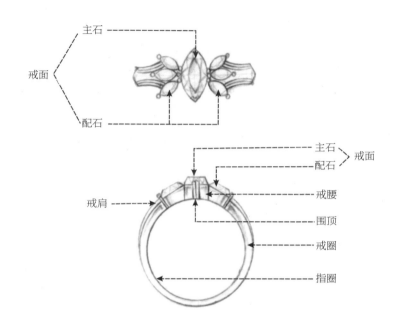

**图6-3 戒指结构图**

戒面——手指背面上的主要观赏面，体现戒指的主体造型。群镶宝石戒指的戒面又可细分为主石和配石两个部分，其中主石是镶嵌在戒面中间的宝石，颗粒相对较大，一般位于戒指的最高部位。配石起到衬托主石的作用，颗粒小于主石。

戒肩——戒面与戒圈之间连接的部分。

戒腰——指圈与戒面和戒肩之间形成的空间，该部分经常添加花纹作为装饰。

围顶——戒腰下部隐藏在内，与手指背接触的部分。

指圈——指戒指的内圈直径，手指套入的部分，一般为正圆形。

戒圈——指戒指的外圈，与戒面和戒肩连接。

## 一、戒指三视图的画法

戒指在设计制图时一般采用三视图与立体图结合的方式绘制，三视图包括正视图、上（顶）视图和侧视图（图6-4），如有不对称款式则需要详细地绘制出左侧视图和右侧视图，也称为四视图。如果是比较简单的款式，则只需绘制上视图和正视图，也称为正上视图。其中上视图是戒指绘制时的重要视图，当戒指的戒圈设计变化较少的时候，造型基本通过上视图表现出来。而戒指的正视图和侧视图则详细地表现了设计的细节和变化，便于加工制作。

下面以图6-4为例，分八个步骤介绍三视图绘制的步骤和方法。

① 首先绘制辅助线，下笔略轻，易于擦拭。绘制四条直线形成"井"字格，直线之间夹角为90°，每个相邻交叉点的距离是40mm。接着分别在四个交叉点处各绘制两条直线，与之前绘制的直线之间夹角为45°，并形成"米"字格（图6-5）。

② 在左上部绘制上视图参考线以及主石。以"米"字格中点为中心，绘制长20mm，宽8mm的矩形参考线。接着绘制长度为6mm的圆形宝石石碗参考线，根据参考线绘制宝石和石碗部分（图6-6）。

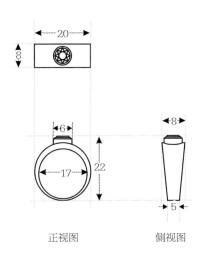

图6-4　戒指的三视图

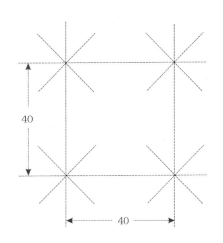

图6-5　戒指三视图绘制的步骤一

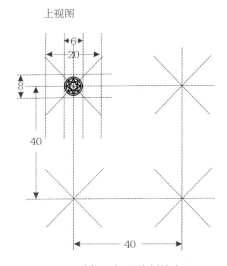

图6-6　戒指三视图绘制的步骤二

③ 根据矩形参考线绘制戒指上视图主体，完成上视图的绘制（图6-7）。

④ 在左下部分绘制正视图参考线和戒圈。由上视图戒圈和宝石石碗外侧分别向下引出辅助线，以左下角"米"字格为中点分别引出两条对称横向参考线，

线之间的距离为17mm，绘制出戒指的圆形指圈。再分别引出上、下两条参考线，线之间的距离为20mm，绘制出戒圈部分。从戒圈下方辅助线向上测量出22mm处，绘制横向辅助线与宝石石碗外侧向下引出的辅助线交叉，定出宝石和石碗的位置（图6-8）。

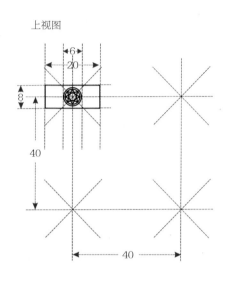

图6-7 戒指三视图绘制的步骤三

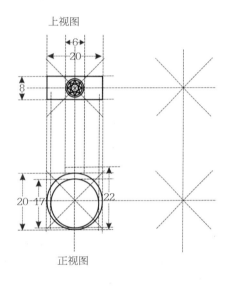

图6-8 戒指三视图绘制的步骤四

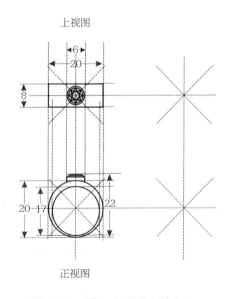

图6-9 戒指三视图绘制的步骤五

⑤ 绘制宝石和石碗。根据宝石和石碗的辅助线（即22mm高度位置）绘制出宝石和石碗，完成正视图的绘制（图6-9）。

⑥ 绘制侧视图戒圈参考线和戒圈。由正视图戒圈横向参考线向右延长引出参考线，确定戒圈的高。再由上视图戒圈宽度参考线向右延长引出参考线，经过右上角"米"字格斜线时向下90°垂直延伸辅助线。在右下角最下方横线处测量出5mm的戒圈下部宽度。根据辅助线绘制出戒圈侧面主体（图6-10）。

⑦ 绘制侧视图宝石和石碗部分。从上视图宝石石碗上、下部分别向右延长引出两条参考线，经过右上角"米"字格斜线时向下90°垂直延伸辅助线，与戒指主体交叉确定石碗的宽度。从正视图石碗最高处向右引出辅助线，确定石碗的高度。根据辅助线绘制宝石和石碗的侧视图效果，调整好与戒圈的关系以及透视效果，完成侧视图的绘制（图6-11）。

⑧ 完成三视图的绘制。擦除多余的辅助线，并标注好各个部位的长、宽、高，方便加工和制作（图6-12）。

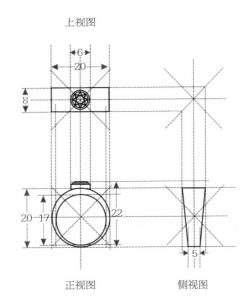

图 6-10　戒指三视图绘制的步骤六

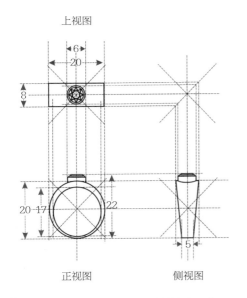

图 6-11　戒指三视图绘制的步骤七

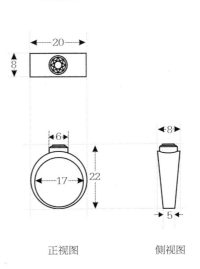

图 6-12　戒指三视图绘制的步骤八

需注意的是戒指上视图、正视图和侧视图的位置应遵循示例图所摆放的位置，方便辅助线引出和绘制，提高绘图数据的准确性。此外，在绘制有图案或者镶嵌有宝石的戒指上视图时，需注意通过图案或宝石宽窄的变化来体现戒指圆弧面两边的转折感，绘制出戒指的透视关系。以图6-13为例，在上视图中，从中间的宝石到最旁边的宝石，高度不变，从中间到旁边的宝石宽窄比例约为8：7：6：2：1。

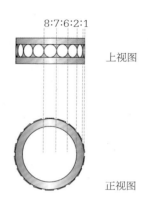

8:7:6:2:1

上视图

正视图

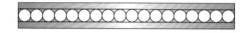

展开平面图

图6-13　镶嵌宝石戒指上视图、正视图和展开平面图的示例

## 二、戒指立体图的绘制方法

立体图能让人从平面的纸张中感受到立体的图像效果，一定程度上显现了款式设计的美感和造型感。绘制时一般以戒指向右倾斜造型，符合右手绘图的习惯。下面以平面、凸面、花式和宝石戒指为例，分别介绍首饰立体图的绘制方法和步骤。

1. 平面戒指的绘图步骤（图6-14）

①按照45°的倾斜角度，选用45°角模板，画出基本的椭圆，宽度约为20mm，必要时可绘制坐标轴。

②在椭圆的后面再画出一个稍小并平行的椭圆，连接两个端点。

③分别在两个椭圆的外侧画出较大的椭圆，表示出金属的厚度，连接两个较大椭圆的端点。

④擦去辅助线，上阴影色。

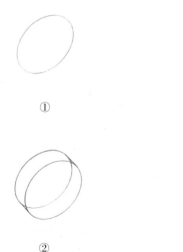

①

②

③

④

图6-14　平面戒指的绘图步骤

2. 圆弧面戒指的绘图
步骤（图6-15）

① 按照45°的倾斜角
度，画出基本的椭圆，需
要时可绘制坐标轴，并在
椭圆的后面再画出一个稍
小并平行的椭圆，连接两
个端点。

② 分别在两个椭圆的
外侧画出较大的椭圆，表
示出金属的厚度，将两侧
金属凸起的感觉表现出来，连接两个较大椭圆的端点。

③ 擦去辅助线，强调轮廓线。

④ 上阴影色。

3. 花式戒指的绘图步骤（图6-16）

①，② 与凸面戒指的前两步绘制方法相同。

③，④ 在戒指中心部位画出长度及宽度延伸辅助线。

⑤ 在顶部画出造型曲线。

⑥ 擦去辅助线，上阴影色。

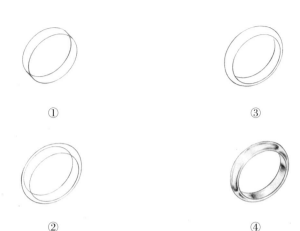

① ③

② ④

**图6-15 圆弧面戒指的绘图步骤**

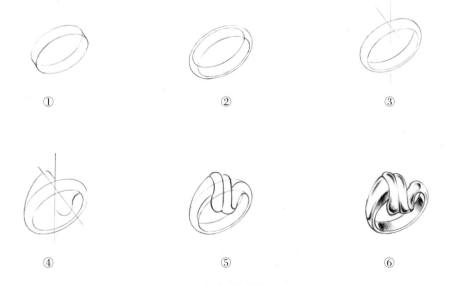

① ② ③

④ ⑤ ⑥

**图6-16 花式戒指的绘图步骤**

4. 宝石戒指的绘制步骤（图6-17）

① 前两个步骤与金属戒指绘制方法相同，并从戒指顶部的中点引出视觉中心线以及垂直线。

② 在视觉中心线上画出主宝石的形状，注意透视角度。

③ 绘制主石的镶嵌方法，围绕主石画出辅助的造型线条。

④ 确定配石的高低、位置和形状。

⑤ 绘制所有宝石镶嵌的位置、方法和金属反转的轨迹。

⑥ 擦去所有的辅助线，针笔勾线，上阴影色。

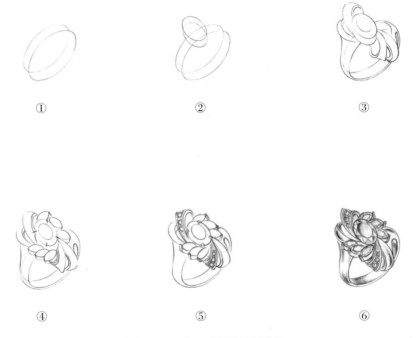

①　　　　　　　　　②　　　　　　　　　③

④　　　　　　　　　⑤　　　　　　　　　⑥

图6-17　宝石戒指的绘制步骤

## 三、戒指设计的原则

（1）戒指是装饰手指的物体，在设计时应测量好手指的尺寸，设计合适的戒圈。在国内一般采用香港的戒指尺寸标准，也称"港度"，具体尺寸如表6-1所示。在常规设计图纸中，一般采用17～22mm的内直径（指圈）作为绘制尺寸。如果是情侣对戒的设计时，绘制女款戒指直径约为17mm，男款戒指直径约为22mm。

首｜饰｜设｜计

表6-1 戒指尺寸对应表

| 戒圈（港度） | 直径/mm | 戒圈（美度） | 直径/mm |
|---|---|---|---|
| 1度 | 12.1 | 0度 | 11.5 |
| 2度 | 12.6 | 0.5度 | 12 |
| 3度 | 13 | 1度 | 12.5 |
| 4度 | 13.3 | 1.5度 | 13 |
| 5度 | 13.6 | 2度 | 13.2 |
| 6度 | 14 | 2.5度 | 13.5 |
| 7度 | 14.3 | 3度 | 14 |
| 8度 | 14.7 | 3.5度 | 14.3 |
| 9度 | 15 | 4度 | 14.8 |
| 10度 | 15.4 | 4.5度 | 15.2 |
| 11度 | 15.7 | 5度 | 15.6 |
| 12度 | 16 | 5.5度 | 16 |
| 13度 | 16.4 | 6度 | 16.5 |
| 14度 | 16.8 | 6.5度 | 16.9 |
| 15度 | 17.1 | 7度 | 17.3 |
| 16度 | 17.5 | 7.5度 | 17.7 |
| 17度 | 17.8 | 8度 | 18.1 |
| 18度 | 18.1 | 8.5度 | 18.5 |
| 19度 | 18.5 | 9度 | 18.9 |
| 20度 | 18.9 | 9.5度 | 19.2 |
| 21度 | 19.2 | 10度 | 19.6 |
| 22度 | 19.6 | 10.5度 | 20 |
| 23度 | 20 | 11度 | 20.5 |
| 24度 | 20.3 | 11.5度 | 20.9 |
| 25度 | 20.6 | 12度 | 21.3 |
| 26度 | 21 | 12.5度 | 21.7 |
| 27度 | 21.3 | 13度 | 22.1 |
| 28度 | 21.7 | | |
| 29度 | 22.1 | | |
| 30度 | 22.4 | | |
| 31度 | 22.8 | | |
| 32度 | 23.1 | | |
| 33度 | 23.4 | | |

（2）注重戒指的佩戴舒适感。如果戒指过重、戒面太宽或者戒面主体过长则会影响到手指的活动。戒指壁过厚会导致手指之间撑开的不舒适感，过薄则会引起手指摩擦时的痛感。绘制时，戒指侧壁厚度以2mm左右为宜，戒指下壁厚度应在1～2mm之间（图6-18）。如今市面上出现许多个性化首饰，与常规商业款戒指大相径庭。有的设计是多个戒圈连接在一起，有的戒圈上的主体物，宽至四指，阻挡到其他手指的活动。此类设计更注重个性和艺术形式的表现，与常规商业类首饰应有所区分。

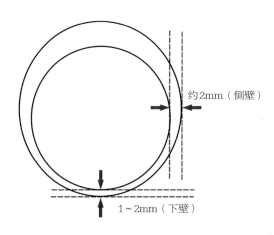

约2mm（侧壁）

1～2mm（下壁）

图6-18　戒指壁厚示意图

（3）戒指的主体设计应尽量体现在指背外露部分，不应过多地隐藏到指缝或者是指腹处。

## 四、戒指设计图款

戒指设计图款，见图6-19～图6-22。

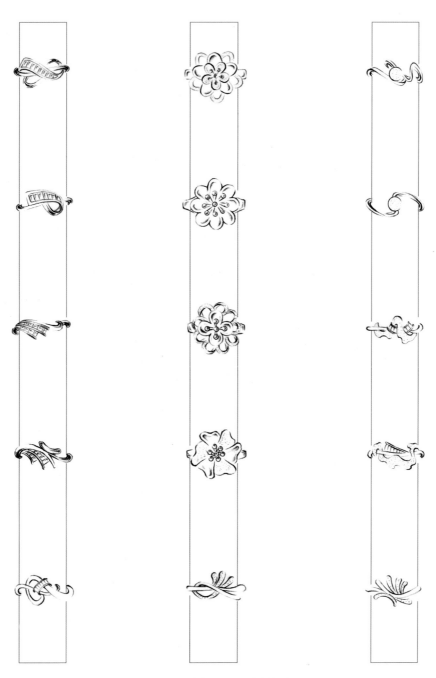

图6-19 戒指上视图绘制参考图

图 6-20　戒指四视图绘制参考图

图 6-21　戒指四视图绘制参考图

11mm

10mm

11mm

19mm

13mm

13mm

图 6-22　戒指四视图绘制参考图
芊亿珠宝黄国志设计

## 第二节　吊坠的设计原则和绘制方法

　　吊坠是最常见和最基本的首饰类型之一，市场占有率也较高。在设计时需注意重心问题，考虑佩戴的效果，不要出现倾斜的情况。

## 一、吊坠的基本类型

　　根据吊坠的结构特点，分为以下三种类型。

### 1. 带瓜子扣的吊坠

　　这种吊坠较为常见，结构相对简单，坠与扣的连接处易加工，并能有效地限制用金量，整体给人简洁明快的感觉（图6-23）。在设计时，将瓜子扣的"瓜子形"设计成其他形状，比如皇冠、云纹等，可使其表现多样化。设计图一般采用正视图和侧视图两者结合表现，也可以绘制小侧面的立体效果图，增强动感和体积感。初学者在绘制时容易出现如图6-24的问题，只绘制了连接部位的圆圈，没有绘制瓜子扣，导致较小的圆环穿不进项链的扣链部位，直接导致无法佩戴。图6-25中是瓜子扣的常见尺寸，瓜子扣的大小与吊坠主体的尺寸相关联，既要使项链最粗的扣链部位能够穿得过去，也要考虑到瓜子扣与吊坠主体的和谐美感。

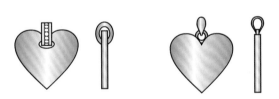

图6-23　带瓜子扣的吊坠

错误

图6-24　瓜子扣错误的绘制方法

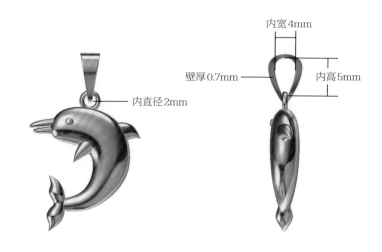

图 6-25　瓜子扣的常见尺寸

内宽4mm

壁厚0.7mm

内高5mm

内直径2mm

### 2. 隐秘扣式吊坠

此类吊坠多以直接焊接在吊坠后侧顶部的金属环或镶嵌有宝石的金属环来取代瓜子扣的作用，从正面看没有明显的链接部位，和整体造型结构浑然一体（图6-26）。设计时应注意其与项链连接处的结构不要太繁乱，以免将项链卡断。

图 6-26　隐秘扣式吊坠

### 3. 多层吊坠

由两层及两层以上吊坠部分组合或者重叠在一起，可以构成多层吊坠（图6-27）。这种吊坠款式相对复杂，彰显豪华尊贵感。设计时应注意每层的体积不宜过大，且每个部分之间的连接要简洁而牢固。

图 6-27　多层吊坠

## 二、吊坠的绘制方法

吊坠正视图和侧视图的绘制，见图6-28。

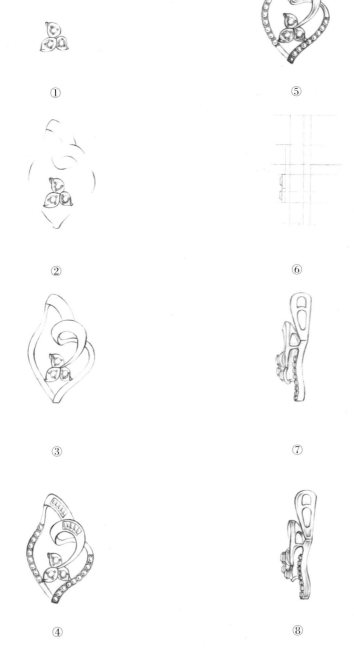

① ⑤
② ⑥
③ ⑦
④ ⑧

**图 6-28　吊坠绘制步骤示范图**

1. 正视图的绘制步骤

① 建立坐标系，在中心位置画出主石和主体装饰物的形状和大小。绘制主石的镶嵌方式，并定出整体造型的位置。

② 绘制出整体造型的轮廓草图，下笔应轻。

③ 勾勒造型轮廓线条，注意线条轻重和粗细的变化。

④ 确定配石镶嵌的位置，画出配石和镶嵌方式。

⑤ 完稿图，描线和上阴影色。

2. 侧视图的绘制步骤

⑥ 根据正视图引出辅助线确定侧视图的高度，并初步确定主石、配石以及

图 6-29　吊坠设计图款一

装饰花纹线的位置。

⑦ 依据正视图绘制出各个部分的详细造型。

⑧ 完稿图，描线和上阴影色。

## 三、吊坠设计图款

吊坠设计图款，见图6-29~图6-32。

图6-30　吊坠设计图款二

图 6-31　吊坠设计图款三

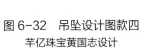

图 6-32　吊坠设计图款四
芊亿珠宝黄国志设计

# 第三节 项饰的设计原则和绘制方法

项饰主要包括可以佩戴在脖子上的项链、项牌和项圈。根据结构特点和设计需求，每种首饰类型都各具特色。

## 一、项链的设计原则和绘制方法

项链按其长度可分为贴颈链、短项链、公主链、兜链（马天尼型链）、歌剧型项链等（图6-33）。贴颈链的长度最短，约为30cm，对应的长度为14in，

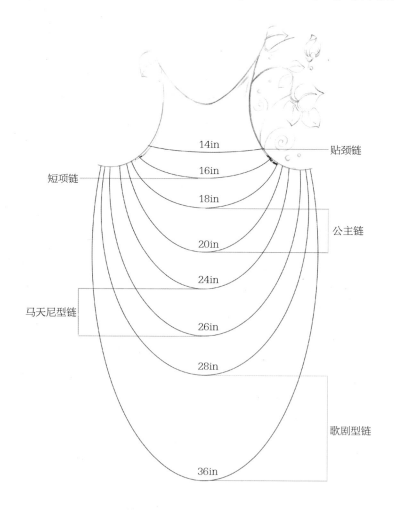

图 6-33 项链长度示意图

首／饰／设／计

紧贴颈部。短项链是最为常见的项链，佩戴在锁骨下方部位，常见的长度为41cm，对应16in。公主链长度在51～61cm，分别对应18～20in，彰显尊贵的感觉，珍珠项链尤为多用。马天尼型链则更长，一般为61～66cm，对应24～26in。最长的歌剧型链长度在71～91cm，也就是28～36in。

　　在绘制时可以恰当表现项链的活动性和柔软度，使用生动的曲线将之描绘出来。设计的重点是中心主题、链身和链扣，中心主题应考虑重心问题，使其表现完美。链身及链扣的设计需要考虑连接的稳定性，常见的链扣有如下几种（图6-34）。

水滴扣　　　　　　　　　　　　　　　　　S扣

龙虾扣　　　　　　　　　　　　　　　　　W扣

心形扣　　　　　　　　　　　　　　　　　圆形扣

OT扣　　　　　　　　　　　　　　　　　球扣

图6-34　常见的链扣款式

　　下面我们以珍珠项链的绘制方法为例，介绍项链的绘制步骤和方法。

　　①绘制十字坐标轴，以15cm为直径，绘制出如图的圆形。使用量角器绘制夹角，夹角度数为10°，并沿线依次绘制出珍珠和金属单元元素（图6-35）。

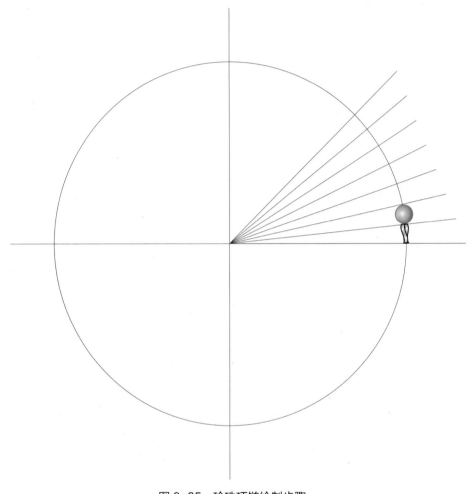

图 6-35　珍珠项链绘制步骤一

　　② 根据圆弧度复制单元图案，绘制连接扣部位，完成项链的绘制。注意部位的连接性（图6-36）。

图 6-36　珍珠项链绘制步骤二

## 二、项牌的设计原则和绘制方法

项牌是由中心主体和项链两部分组成的，其中心主体是一件整块的物件，没有活动性，尺寸偏大，款式豪华大方。其两侧连接项链的部位呈 V 形向两侧伸展，设计时应注意项链不宜细弱，并使整体效果和谐。

项牌的绘制步骤和方法如下（图6-37）。

① 首先建立坐标轴系，以坐标系的中心来确定项牌的重心，绘制出项牌的基本轮廓，宝石的大体位置，下笔略轻。

② 画出宝石的刻面、镶嵌方式和金属装饰的造型，然后绘制"V"形向上的链条部分。

③ 勾轮廓线，上阴影色，擦去辅助线。

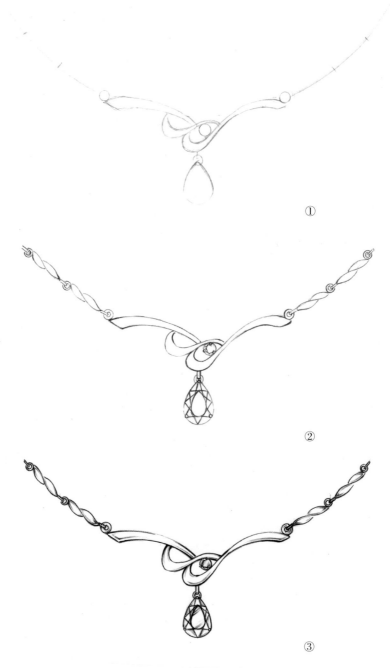

①

②

③

图 6-37 项牌的绘制步骤图

## 三、项圈的设计原则和绘制方法

项圈也称为硬项链，活动环节较少，往往只有一两个隐藏的活动关节，或者只是在首尾连接处可活动（图6-38）。一般初学者容易将项圈设计成一个整圈，这违背了人体的结构特点，设计时一定要考虑佩戴的可能性。

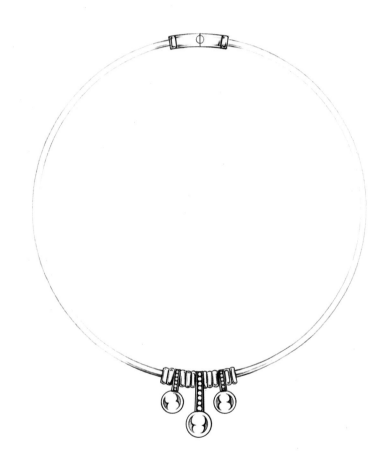

图6-38　项圈

## 四、项饰设计图款

项饰设计图款，见图6-39～图6-42。

图 6-39　项链设计

梦·光

梦想之光宛如清清冷冷的冰魄，主钻外延伸的
线条是照亮前路的月华，总体造型仿佛满月的"梦·
光"，寓意绝不让梦想埋葬在暗夜里，如要在黑暗
里释放光芒引领自我。

图 6-40　项链设计
蔡晓冬《梦·光》

图6-41　项牌设计

图 6-42 项圈设计

# 第四节　耳饰的设计原则和绘制方法

　　耳饰常规意义上指固定在耳垂上的装饰品，一般成对设计，常见的类别有：耳钉、耳环、耳坠、耳线、耳夹和耳钳（图6-43），其中耳夹和耳钳主要是针对没有耳洞的人群所设计的。如今也出现了一些个性化的耳饰品，有的佩戴方法比较特别，比如悬挂式，可以像蓝牙耳机一样挂在耳朵上方。有的左右两边的造型和纹饰各异，细节上具有呼应性，或者颜色互补。

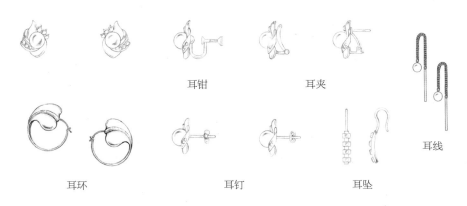

耳钳　　　　　　耳夹

耳环　　　　　　耳钉　　　　　　耳坠　　　　耳线

**图6-43　耳饰基本类别**

## 一、耳钉的设计原则和绘制方法

　　耳钉是直接在设计主体的背后焊接一根耳针，利用耳背（也称"云头"）（图6-44）固定在耳垂上。因为耳背固定性较差，所以在设计耳钉时应注意控制其体积和重量。

**图6-44　耳背**

　　耳钉正视图和侧视图的绘制，见图6-45。

　　1. 耳钉正视图的绘制步骤

　　① 建立坐标系，绘制出其中一只耳钉的基本造型。

　　② 对称画出另外一只耳钉的造型（可以使用拷贝纸进行复制）。

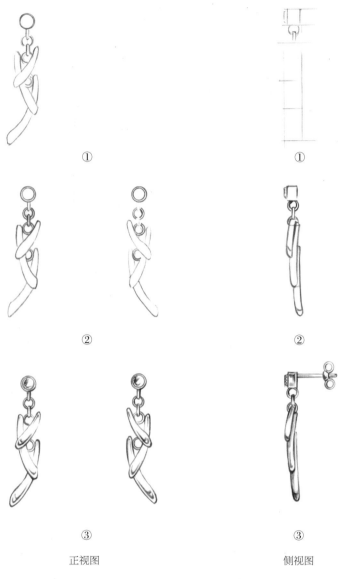

① ①

② ②

③ ③

正视图 侧视图

**图 6-45 耳钉正视图和侧视图的绘制步骤**

③ 绘制宝石的琢型和镶嵌方式，勾线时处理好金属高低，上阴影色。

2. 耳钉侧视图的绘制步骤

① 依据正视图定出侧视图的高度和宝石的位置，并确定宽度。

② 勾勒宝石具体的轮廓线条，以及金属的造型。

③ 勾线，上阴影色。

## 二、耳环的设计原则和绘制方法

　　耳环是在耳部的环状装饰品，英文名称为"Earring"。这种环形的封闭式结构除了最普通的圆形，还可以表现出多种多样的形状，比如三角形、星形、心形等（图6-46）。耳环的体积比耳针略大，在设计时需考虑耳垂的承重度。如镶嵌有宝石，将宝石面朝向前方，避免与脸部摩擦。

图6-46　耳环常见形状

## 三、耳坠的设计原则

　　耳坠分为两个部分，一部分是与耳垂固定的部分，由耳钉或者耳钩（图6-47）组成；另一部分是耳坠的主体，与前一部分以活动的方式连接，活动性较强，能伴随人体的摆动呈现摇曳的美感。在绘制时注意耳钩不宜过粗，直径约1mm。耳钩末端不宜过尖，否则会给佩戴造成不适感。

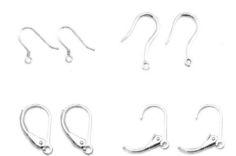

图6-47　耳钩常见形状

## 四、耳钳、耳夹的绘制原则 ——

　　耳夹是在款式主体的背后焊接一个夹子，靠弹力固定在耳垂上，没有耳洞的人也可以佩戴，其中弹力夹的粗细约为1.2mm。也有的耳夹是与耳针相结合，佩戴更为牢固，这种需要有耳洞。耳钳，是在主体的背后焊接螺丝夹，通过旋转螺丝达到固定到耳垂的效果（图6-48）。

耳夹　　　　　　　　　　　　　耳钳

图6-48　耳夹和耳钳的结构示例

## 五、耳饰设计图款

耳饰设计图款，见图6-49～图6-52。

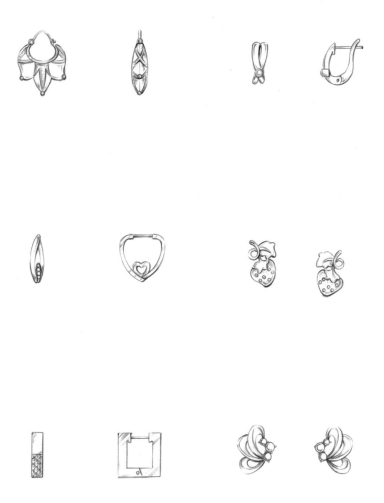

图6-49　耳饰正侧视图示例一

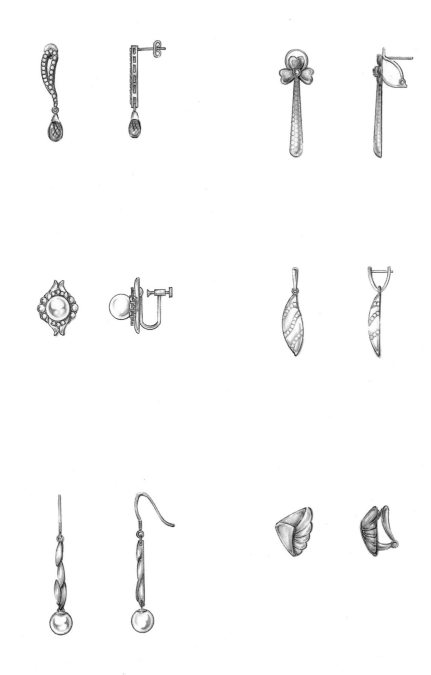

图 6-50　耳饰正侧视图示例二

27mm

27mm

46mm

40mm

32mm

33mm

图 6-51 耳饰设计
芊亿珠宝黄国志设计

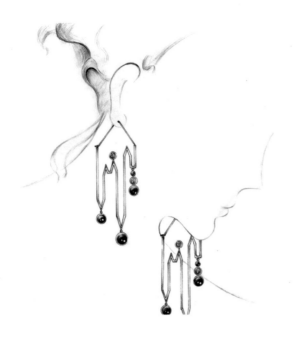

图 6-52　耳饰设计《城市》（左上）、《煽风点火》（右下）

## 第五节 胸饰的设计原则和绘制方法

胸饰是人们佩戴在胸前的一种装饰品，包括胸针、别针、插针、胸花等。胸针是一种设计空间较大的首饰类型，在设计时可以天马行空地进行想象。同项饰设计的要求一样，只需要注意重心问题，别针应在胸针整体偏上1/3的位置，发生位移的话胸针容易倾斜。其余便是要考虑背面别针的固定方式，要易佩戴，固定性强不易脱落，同时使针尖不会对人体或衣物造成伤害（图6-53）。

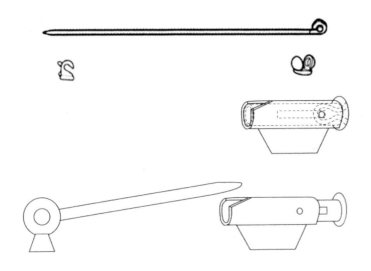

**图6-53　胸针常用配件**

由于胸针相对戒指造型来说显得较为平面化，因此初学者在绘制侧视图时容易将之绘制得过于平板而没有层次。建议不妨走入市场，多观摩胸针的实物款式，加强对结构的理解与把握。线条的起伏能够赋予胸针灵巧的变化，能够让作品更为生动。

胸针正视图和侧视图的绘制，见图6-54。

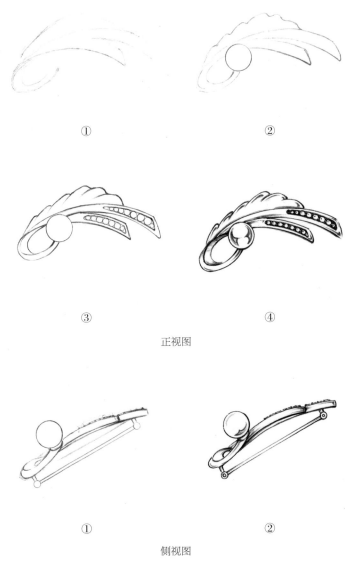

①　　　　　　　　　　　②

③　　　　　　　　　　　④

正视图

①　　　　　　　　　　　②

侧视图

图 6-54　胸针正、侧视图的绘图步骤

## 一、胸针正视图的绘制步骤

　　① 建立坐标轴，以45°角经过坐标中心画一条直线来确定胸针长（一般胸针的长度为45~50mm），绘制出大体轮廓。

　　② 确定出主体宝石的位置和大小，以及装饰花纹的大体造型。

　　③ 细化轮廓线条，画出配石的位置和镶嵌方法。

　　④ 勾线，擦去辅助线，上阴影色。

## 二、胸针侧视图的绘制步骤

① 根据正视图45°角直线垂直90°向下引出垂直线，定出胸针侧视图的长度，同时画出厚度和大体起伏，确定主石和配石的位置。并且确定别针的焊接位置，绘制出别针的具体造型和焊接位的高低。

② 勾线，擦去辅助线，上阴影色。

## 三、胸针设计图款

胸针设计图款，见图6-55、图6-56。

图 6-55　胸针正、侧视图绘制示例

图 6-56　胸针图款
刘冰荣设计

## 第六节　手链和手镯的绘制方法和设计原则

### 一、手链的绘制方法和设计原则

手链按其形状一般可分为三种类型。

（1）节链型手链。以某一图案作为一个单元依序进行排列组合，类似于图案里的二方连续纹样，选用一个固定元素做多次的重复延续，每个单元的大小和形状基本保持一致（图6-57）。有的镶嵌宝石的手链会在链头和链尾处减少或取消宝石。

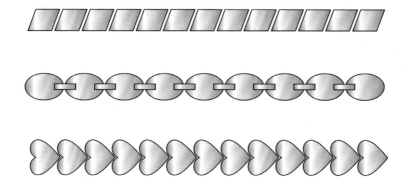

图6-57　节链型手链

（2）渐变节型手链。图案由中央向两边比例逐渐缩小，图形基本保持一致（图6-58）。

图6-58　渐变节型手链

（3）锁片型手链。中央有一个主题造型，表现可以多变，不一定是片状，两边可以接上意大利K金链或皮绳（图6-59）。锁片型手链的设计理念有点类似于手表，中央5～6cm的宽度（依佩戴人手腕粗细而定）有一个不可活动的主题造型，在佩戴时显露在手腕的背部，其余部分设计则较为简洁。

图 6-59　锁片型手链

节链型手链的绘制步骤，见图6-60。

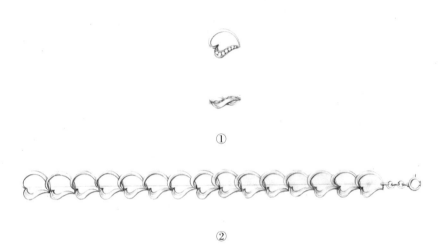

③

④

图 6-60　节链型手链的绘制步骤图

① 首先确定每个单位元素的造型。

② 定出手链的长度，确定扣和每个单位元素的长度和位置，绘制整体造型。

③ 擦掉辅助线，绘制宝石，画出每个部分的具体造型。

④ 勾线上阴影色。

手链是活动性较强的封闭式的链条结构，并在两头焊接上相应的链接环节。手链的长度因佩戴者手腕的粗细而异，通常是在16~22cm。在设计时要注意以下几方面的问题。

① 手链的设计是将多个单位元素连接在一起所形成的连续式设计，能够弯曲形成封闭的环形。

② 每一个单位与单位之间的连接是可活动的，并且稳固。

③ 手链的头与尾之间的连接需要焊接扣。

## 二、手镯的设计原则和方法

手镯与手链一样，都是在手腕部位的装饰物，手镯一般呈封闭或半封闭状，固定性较强。大小以手收紧时正好放入、正常情况下又不易脱落为宜，内圈的直径一般为5~7cm。在绘制的时候注意透视关系，可以借鉴戒指的绘图方法。一般可分为以下两种常见样式。

（1）封闭式手镯。圈口的大小是固定的，只能套入手腕上，没有可活动的环节，比如常见的翡翠手镯（图6-61）。封闭式手镯除了常见的整体圈之外，也可以采用错位式焊接，使手镯的表现更为生动。

图6-61　封闭式手镯

（2）半封闭式手镯。可以理解为开口的手镯，需注意在设计时应了解金属的硬度，保证其厚度和硬度，确保手镯不易变形和佩戴的舒适感（图6-62）。

图6-62　半封闭式手镯

### 三、手链和手镯设计图款

手链和手镯设计图款，见图6-63和图6-64。

图 6-63　手链

图 6-64　手镯

# 第七节　男性饰品的设计原则和绘制方法

　　男性饰品以袖扣和领带夹最为典型。男性首饰的线条一般比较简单、硬朗，设计主流离不开直线和角度的变化，体现出大、粗犷、棱角分明的特点。例如戒指，戒面要大，戒环要宽，宝石首饰要多棱多角。颜色力求柔和与深沉。在主题的选择上，常采用动物界的猛兽作为主体表现，比如有王者之风的老虎、狮子、猎豹等，体现男性的霸气和身份的尊贵感。

## 一、领带夹的设计原则和绘制方法

　　领带夹的尺寸为40～50mm，宽度为6～8mm。在设计时同样需注意夹子后面焊接位置的设计。

　　领带夹绘制步骤，见图6-65。

　　① 绘制外形轮廓，定好长和宽。

　　② 绘制主石和基本造型分割。

　　③ 勾线并上阴影。

　　④ 根据正视图引出辅助线绘制侧视图，注意夹子的造型。

## 二、袖扣的设计原则和绘制方法

　　袖扣是用在衬衫上，起到代替袖口扣子部分的作用，同时具有装饰功能。袖扣的设计以左右对称式设计为主，常见的形状有方形、圆形、椭圆形和三角形，体积感较强，大小规格控制在2cm左右。绘制时和耳饰一样，需要一对。

同时需注意袖扣配件的绘制方法，见图6-66。

①绘制其中一个袖扣的外形与基本线型分割。

②并对称绘制另外一个袖扣。

③绘制镶嵌方式，勾线并上阴影。

④引出辅助线绘制侧视图。

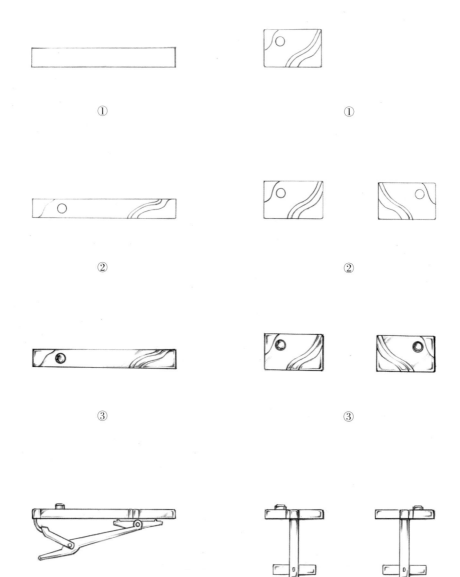

图 6-65　领带夹正、侧视图绘制步骤　　图 6-66　袖扣正、侧视图绘制步骤

## 三、男士饰品设计图款

男士饰品设计图款，见图6-67和图6-68。

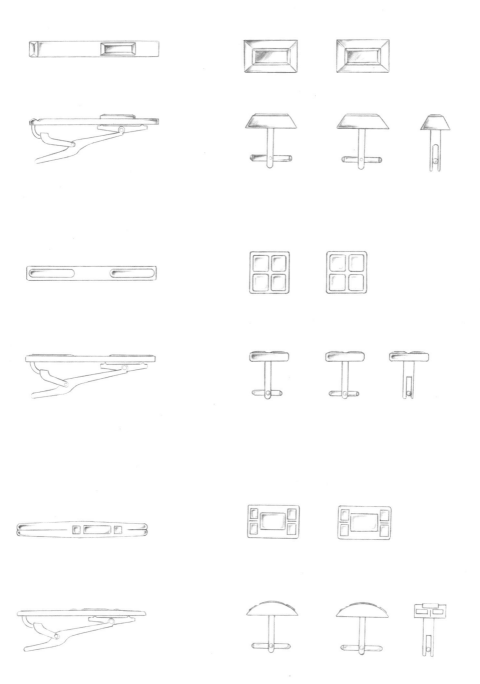

图 6-67　领带夹、袖扣绘图示例

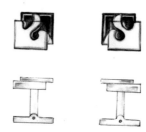

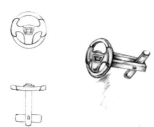

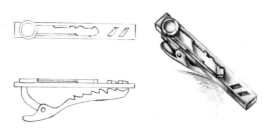

图 6-68　领带夹、袖扣设计图

## 第八节　套装首饰的设计原则和绘制方法

### 一、套装首饰的特点

　　一般来说，套装首饰应包括戒指、耳饰和吊坠三部分，一般称为"三件套"。有时也可加上胸针或手链等，也称"四件套"。由于不同类型的首饰各有特点，所以在设计时，不能完全相同，但又一定要有统一的风格和共同的主题，不可迥然各异。

## 二、套装首饰的设计原则

（1）在设计时，应首先确定设计的主题，以一个图形或结构作为主要的设计元素，使其贯穿在整个套装首饰当中。

（2）套装内的几款首饰应表现出相同的共性，比如有联系的结构造型，相同的金属或者宝石材料，以及运用相同的镶嵌方式等。

## 三、套装首饰设计图款

套装首饰设计图款，见图6-69～图6-72。

图 6-69　套装首饰设计图款

首／饰／设／计

橄榄石：7mm×9mm

橄榄石：9mm×11mm

橄榄石：8mm×10mm

橄榄石：7mm×9mm

**图 6-70　套装首饰设计图款**
芊亿珠宝黄国志设计

图 6-71　首届"玉瑶奖"首饰设计大赛二等奖作品《阡陌》
许倩璞设计

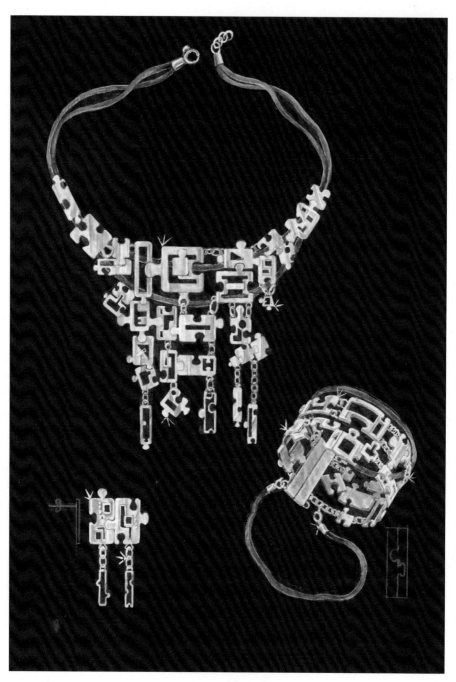

图6-72 《拼接未来》
孙晓桑设计

第七章

设计思维的启发与实现

chapter
seven

在掌握基本的设计技巧与方法之后，面对一张白纸开始设计创作之前，常常会遇到这样的问题，应该画什么？虽然有的时候很多灵感突现，但需要下笔的时候却文思枯竭。这就要求我们有良好的设计习惯，随身携带一个小本子和一支笔，把瞬间萌发的灵感用画笔记录下来，产生一个记忆的草图。在正式进行作画的时候，便有据可循，有情可依。除此之外，当面对首饰创作的时候，很多初学者苦于把自身的想法付诸画纸上，在脑海里有一个初步的形态，却不知从何下笔。这就要求我们学会一定的设计法则，去引导设计思维的实现。

## 第一节 自然题材的首饰设计思维

从科学角度而言，自然是数学、地质学、化学、物理学、艺术等学科共同研究的课题，各个领域的专家与学者分别从各自的角度观察与诠释自然的现象、规律和本质。从艺术角度而言，自然是戏剧、电影、文学、舞蹈、摄影、设计等专业长盛不衰的主题，艺术家们以各自独特的语言与表现形式传达对自然的感受。从首饰设计这一角度出发，千百年来国内外的首饰工匠以及设计师们乐此不疲地创作出大量的自然风格饰品。从公元前2500年苏美尔人用黄金、金银合金和青金石制作的山羊（图7-1），到现代卡地亚珠宝系列里频繁出现的采用K金、钻石和彩色宝石制成的蛇、虎、豹和兰花等动植物形象（图7-2）；从图坦卡门胸饰前的圣甲虫的护身符形象（图7-3），到近现代个性前卫的"死亡"符号首饰（图7-4）。首饰这个媒介以视觉化的语言表现自然中的动物、植物、景物、人物以及自然现象等。

首饰既是艺术品，同时又具备商品属性。因此，首饰设计的前提是要满足现代人的审美心理，符合众人的表达欲望。自然界对于人类有着太多的魅力和吸引力，当前以自然为主题创作的珠宝首饰作品占据了绝大部分市场，无论是黄金、铂金、红宝石，还是钻石首饰，都大量选择自然物体作为创作的题材。正是由于人们对自然界挥之不去的自发情感，才使得设计师在进行创作题材选择时有了更多的倾向性。

现代自然风格首饰的设计创意在一定的社会因素与人为因素的影响下开始了自己的演绎，呈现出不同的设计构想、资源再现和灵感创意，以多元化的特征表达同一主题。当前自然风格首饰设计，主要表现为以下四种设计思路。

图 7-1 苏美尔人公山羊

图 7-2 卡地亚猎豹胸针

图 7-3 图坦卡门圣甲虫胸饰

图 7-4 迪奥天堂幻想曲系列

## 一、 根据具象形态或图形进行真实再现

此种表现手段是对自然界物体的再次临摹和利用首饰材料的真实再现过程，表达设计师对自然界物体的唯美化情节，满足消费者的自然主义情结。除了要求在外形、比例、色彩、神态方面的高度吻合之外，但又有别于新艺术主义时期自然风格的首饰作品，整个自然风格作品的表现上，去除了繁琐的线条特征，融入简约的现代语言，并结合现代首饰制作工艺，采用素金为主（图7-5）或者是镶嵌上各种琢型的宝石（图7-6），形象生动、贴切。

**图7-5 Boucheron 黄金、红宝石材质刺猬造型指环**

**图7-6 Autore 胸针设计**

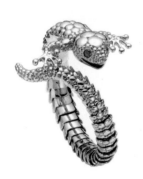

**图7-7 壁虎手镯**

具象形态的首饰物化阶段中，对自然物的基本形态结构、构成、大小、比例基本保持不变，视点与透视关系都要符合客观自然规律。如图7-7中的手镯突出了壁虎的基本形象和透视特点。这要求对事物的原型做到较大程度上的保留，在设计上要求形态和气质上，达到与原型高度吻合，对首饰设计者本身的绘画功底要求比较高。设计者需要从生活中观察自然物体，或者通过借鉴其他媒介，比如摄影作品和电视作品等，以此为原型创作出由金属或宝石所构筑的自然风格首饰。

一般来说，纯金属的首饰容易造型和制作特定的肌理效果，使用现代比较流行的珐琅工艺和漆艺，都能够绘制具体的纹样和图案特点，如图7-8所示的卡地亚蝴蝶胸针，通过珐琅材质体现翅膀的花纹。同时，如果恰当地使用与所描绘实物相同色泽的适形宝石，会达到事半功倍的效果。图7-9中Chopard猴子耳环，采用18K金、祖母绿、蓝宝石、玛瑙以及与猴子本身颜色相近的黄色、褐色的钻石制成，使得耳饰造型在形似的基础上增加了几分神似。特别是近年来流行的群镶首饰以及微镶工艺，由于所镶嵌的石头具有点的特性，能够组合在一起变成适合的形状，用来表达具象的首饰作品能够有较好的效果。如图7-10是根据乌龟的外形设计的摆件，模仿了乌龟的基本形态和比例，并结合了吉祥纹样装饰龟壳表达长寿的寓意，作品采用白K金和钻石制成。

首｜饰｜设｜计

**图7-8 卡地亚蝴蝶胸针**

**图7-9 Chopard 猴子耳环**

1. 乌龟摄影图片

2. 根据图片设计的手稿

3. 成品效果图，采用碎钻、白K金制成

图 7-10　乌龟摆件

## 二、夸张法与精简法

夸张是抓住自然物体的典型性特征，用夸大强调的方法突出其主要表象，比如在花卉题材设计时，抓住倒挂金钟花头倒挂的生长方式（图7–11）；选取典型性的角度从侧面表现郁金香（图7–12）。或者根据主观的意图拉长或缩短形体之间的比例，比如刻意夸大花头的特征，减少叶子和茎梗的数量和面积，并采用鲜明的色彩重点突出花头。有的可以把叶子和枝梗省略，只绘制花头的形态（图7–13）。

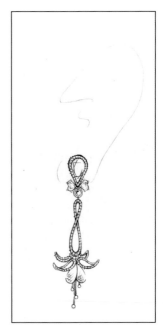

图 7-11　倒挂金钟的变形设计

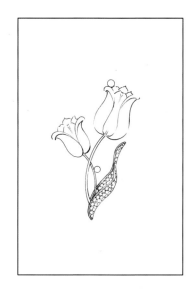

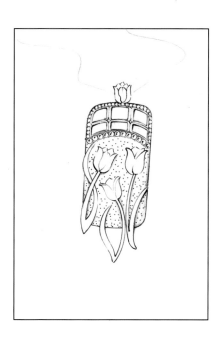

图 7-12　郁金香的变形设计

图 7-13　耳钉
龙梓嘉设计

图 7-14　泰迪熊吊坠
Robert Bruce Bielka 设计

动物的形态特征和神态，也可以通过夸张法设计首饰，动物是有生命的、灵性的生物，各自的神态和气质迥异。如老虎的威猛、绵羊的温顺、狐狸的妖媚、狗熊的憨态等（图 7-14）。动物的各种性格是通过它们的典型形体和动态传达出来的，所以在绘制这类题材的首饰时，一定要抓住动物的形体比例与典型动态的再现，即形似和神似。注意多用一些有动感的曲线表达动物的肢体语言，赋予线条节奏和韵律感。一般来说，粗的直线条给人强壮、笨拙的感觉，细的曲线条给人温柔、灵活的印象，针对不同神情的动物，所绘制的造型略有差别。

精简是把一些不典型的特征完全去除，只保留最具特色的自然形体部分，比如采用轮廓线条法和剪影法。轮廓线条法是将自然的整体形象线条化，只保留外部主要的轮廓（图 7-15）。在精简造型时，要注意外形虽然简化了，但是细节仍然要重点刻画，做到简单却不乏

图 7-15　轮廓法人物首饰设计

味。如图7-16中蝴蝶的绘制，深入刻画蝴蝶的翅膀，线与面的面积的对比、线条的曲直、长短、粗细都是要相当慎重的。剪影法是用相对较大的块面来表达自然物体，并保留少许重要的内部细节，或者在内部用宝石替代一些身体部位（图7-17），增加趣味性和情节性。

图 7-16　蝴蝶戒指

图 7-17　剪影法首饰设计

## 三、使用意象语言特征进行图形化表现

　　意象就是寓"意"于"象"，用来寄托主观情思的客观物象。意象理论在中国起源很早，《周易·系辞》已有"观物取象"、"立象以尽意"之说。在当代首饰设计中，特别是在首饰艺术中，首饰图形表现的形式已经不局限在特定形态上的具象或抽象化、媒介的材质，而是在于思想形态上的倾诉和表达，在构思的时候往往要确定一个具有明确导向和象征意义的主题，比如：生命、活力、夏天、爱情等，主题便成为灵感创意的来源，围绕着这个主题，设计师可以从具象形态出发，也可以偏向抽象的设计语言，在对现实形态表现的"似与不似"之间寻找到表达自然物体的意向。但终究都是围绕着这个中心思想衍生出来的，这也就是我们所说的意象语言的图化现。如图7-18所示，第九届中国黄金首饰设计大赛一等奖作品《山水古韵》的创意源自作者对父爱如山、母爱如水的感悟，通过意向语言设计出对戒。

意象化方法是在首饰设计中普遍采用的设计方法，必须以客观具体的自然物体为基础，以主体真挚的情感为主导，使二者在创意思维中生成设计意象，最后，借助一定的艺术表现手段物化为设计作品。自然的图形隐藏在首饰符号中，也不是单纯的几何形态表现，而是一种寄情于物的表意性思维方式与表现手段。比如自然风光现象类型的首饰，根据大自然中绚丽多姿的自然景观变化而来，用有限的宝石色彩、简洁的造型，以及灵活多变的构图来表现独特的视觉美感，以客观再现为主，并加入主观的理想化。题材的选取上，包括自然风景和自然现象两部分，涉及的概念比较广泛，可以指自然风景，比如山川河流、晴雨雪雾（图7-19）、田园景色；也可以是自然现象，如火山爆发（图7-20）、太阳黑子、流星雨等。

图 7-18　蔡晓冬《山水古韵》

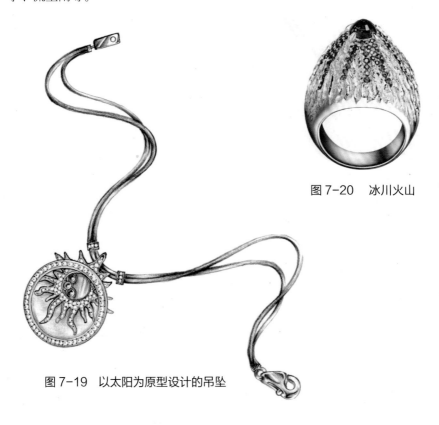

图 7-20　冰川火山

图 7-19　以太阳为原型设计的吊坠

在设计主题的确立上，通常包括固定的设计主题，比如设计比赛、商业推广的主题设计，则要综合考虑所规定使用的材质、产品定位等因素。如果是个人独立作品，则要考虑充分使用线条、材质、肌理、色彩、构成形式表达自我主张和表达意图。自然的主题特征与大自然给予我们心灵的感受有着密切的联系，或恬淡、或飘逸、或炎热、或孤寂，我们都要用适当的图形化语言表达出来。从20世纪60年代开始，首饰艺术便脱离了原有的物象化时期，成为个人化和形式化的创作活动，并将艺术中的表现性、象征性和心理需求发挥得淋漓尽致。图7-21是作者在第五届周大生杯中国珠宝首饰设计大赛的获奖作品《生如夏花》，作品寄情于物，将"生如夏花般灿烂"的概念运用到该耳饰的设计中，将"花"的形象抽象化，体现出一种特定的精神特点。

图 7-21　生如夏花

## 四、主观意识下的打散重构法

首饰是一种三维事物，与其他相关的立体造型一样，需要将自然物体通过相叠、穿插、分割、插接、置换、错位、分裂或包含等组织关系后，重构成新颖的视觉语言，也可以说是"老瓶装新酒"。通过将同种或不同类型的自然形态通过人为的思考与重组，变成新的相对和谐的自然风格造型，这种自然风格首饰的特征一般是夸张变形的，我们可以称之为主观意识下的打散重构法。

打散重构主要有两种方法：一种是添加法。即将其中一种素材作为主要物体，加入同种或其他种类的素材作为衬托和装饰，并产生和谐或对比的视觉效果。或者可以在造型的周围加入相关背景，突出造型的层次感和材质的肌理感，并达到烘托气氛的作用，能够增加首饰作品的艺术感染力和表现力，给予人们更多的联想情节。该手法在新艺术主义时期便被法国艺术大师雷诺·拉里克运用得淋漓尽致，例如他所设计的"蜻蜓女人胸针"便是典型的代表作（图7-22）。而图7-23将蝴蝶的翅膀和人物头像相组合，选用玛瑙、木变石、碧玺等宝石材质，表现大胆、夸张，尤其是使用玛瑙将蝴蝶翅膀的纹理表现得惟妙惟肖。

另一种是删减法。通过人为的创造，截取某个物体的典型性特征，并借鉴当代设计艺术的形式美原则，如对称、重复、渐变、突变、对比、调和等，将其重构成一个有机的整体。如图7-24选取豹子的爪子和尾巴设计成戒指，素材抓取典型，作品效果表现和谐，作品符合当代人的审美观，不仅简洁，也增加了作品的内涵和趣味性，达到了形式上

**图7-22　蜻蜓女人胸针**
雷诺·拉里克设计

**图7-23　采用添加法设计的胸针**

的创新。这不是生硬的分割，而是对设计师情感的真实再现，并且可以使作品形式多样化、条理化、新颖化，变化中不失完整性。

当然自然主义风格首饰设计表现千变万化，具有设计美感和视觉冲击力的优秀作品层出不穷。当代自然风格首饰设计思路可以根据具象形态或图形进行真实再现；可以使用意象语言特征进行图形化表现；也可以将诸多或单一的自然题材在主观意识下进行打散重构。自然题材能够在当代社会特定的审美心理和艺术特征下得到飞速发展，理性的设计思路将完善和指引当然自然风格首饰设计的感性创作。

图 7-24　采用删减法设计的戒指

## 第二节　传统素材的现代化设计

随着现代社会的发展，人们生活节奏的加快，首饰设计越来越崇尚抽象、几何、简约的形态。于是在现代首饰设计师的笔下，诞生出大量适合现代人审美情趣的设计作品。这类作品具有形式上的美感，一般不存在具体的含义。然而，在多元化发展的当代世界中，追求个性化的现代人需要更多的能够表达自我思想、具有一定象征意义的首饰作品。针对目前这种消费市场的需求广度和深度，首饰设计师们将国内外传统素材，纷纷运用于现代首饰设计作品之中，使首饰的表达多样化，并且一定程度上也迎合了世界上日益刮起的"复古风潮"。下面主要以中国的传统素材，阐述首饰的现代化设计方法。

### 一、吉祥图案的设计表达

在人类历史的各个阶段，人类的祖先用自己的聪明才智创作了大量的美术图形，并且人为地赋予了它们一些特定的寓意。历经千年，一些优秀的具有典型性的作品被保留下来。这种传统图案保留了当时的审美和时代特征，并沿用在今天的图形设计中，具有一定的人文思想和象征意义。在中国，这种有着美好寓意的传统图案，被称之为吉祥图案。吉祥图案的题材多样，内容丰富，形式多变。巧妙地运用人物、植物、动物、文字，以及神话传说和民间谚语为题材，通过借喻、比拟、双关、谐音、象征等手法，组成具有一定吉祥寓意的装饰纹样，表达"富、贵、寿、喜、福"等含意。

首饰创作中，吉祥图案常用于玉器的设计中，特别是在翡翠设计中较为常见。在对此类素材进行创作时，事先需要了解吉祥图案的代表意义，才能做到有的放矢。例如：一只蜘蛛倒悬在蜘蛛网上，是指"喜从天降"（图7-25），因为古代蜘蛛称之为"喜虫"；五只蝙蝠围绕在一起，称作"五福（蝠）临门"（图7-26）；竹子寓意"节节高"（图7-27），葫芦谐音"福禄"（图7-28）等。

吉祥图案的设计表达时，固定组合的图形应保留原有的物体以及相应的构图位置，如图7-29《连年有余》取材于中国传统寓意，以鲜艳的莲花和饱满活泼的鱼形为题材，勾勒出安详、丰足的生活愿景。在用首饰语言进行组织时，注意连接的方式，平面图形的三维化设计，并用现代的首饰材料和工艺进行诠释，使首饰作品富有空间感和时代感。在作品命名时，可以从谐音和吉祥话语入手，比如蝉类的首饰设计可以命名为"一鸣惊人"，以表达人们的美好愿望与寄托。

图 7-25　喜从天降

图 7-26　五福临门
第四届中国"金都杯"获奖作品

图 7-27　竹报平安

图 7-28　福禄双全

图 7-29　连年有余
第五届中国珠宝首饰设计大赛三等奖

## 二、宗教哲学的首饰借鉴

　　从佛、道、儒，到阴阳、五行和八卦。宗教哲学包含了观音、佛像、金、木、水、火、土、八卦等这些具象事物，也有仁、义、礼、智、信、中庸等抽象的思想。随着时代的变迁和科技的进步，人们在追求物质层面的享受时，同时也在寻找一种文化的根源以及精神需求的满足。在首饰设计时，对于具象的事物，可以对图案直接进行借鉴。并尽量等比例进行缩放，保留图案大体的构成要素。其中在翡翠和珊瑚材质设计上，常常围绕翡翠或者珊瑚雕像为主体进行设计，金属部分比例较小。另外，对宗教禁忌应有深入的了解，避免在设计时出现不必要的误会。如图7-30中的手镯采用黄金、红金及黑金制作，配以钻石镶嵌成莲花图案。作品中融会了"佛教八大吉祥图"中的其中"莲花"及"胜利幢"，代表了法理开明和智慧的胜利。而对于抽象的哲学思想，依据作者的理解进行物化的设计，可以是起承转接的关系表现，也可以是寄思于形的表现。

　　对阴阳和八卦图案构成理念的学习运

图 7-30　《宝》手镯
万宝宝设计

**图 7-31 《沙滩宝贝》**
中国新锐大赛二等奖作品

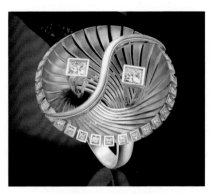

**图 7-32 《本色》**
唐鸫设计

**图 7-33 迎春掩卷**

用，可以进一步拓宽设计的思路。太极八卦图不仅在哲学中有着举足轻重的影响力和地位，对平面设计与立体设计中也有着深远的影响。其精湛的设计理念与深远的内涵值得我们去深入研究，并将此种传统的元素和理念运用到现代首饰设计的实际运用中。太极八卦图的构成形式主要有以下两个特征。①S形构图在我国古代也称为"之"字形构图，这种构图被艺术家们认为是画面处理中最牢固的结构，同时也被公认为是所有线形态中最具美感的。如图7-31所示是作者设计的珍珠套件，该款首饰中间留有一条似S形的空间，两组被分割开的两个形体大小一致，阴阳互合，将太极八卦图的构成理念运用于设计之中。②正负形的运用。也是取决于S线的造型，把整个图案恰当地分割成了一正一负相互咬合的两个图形，两个正负形从无到有，从有到无，是虚实之间的变化。它们面积相等，形状一致，方向互相颠倒，颜色互补。如图7-32是第三届公主方钻首饰设计大赛的一等奖作品《本色》，作品设计理念源自太极图，体现了它的阴阳互形特点。

## 三、传统文学和艺术的借鉴

传统文学主要是指诗词曲赋与古典名著等，包括《诗经》、《唐诗》、《红楼梦》等。设计师可以通过文章的阅读，从文章的背景、情节、主人翁、场景等方面进行创意设计。比如玉翠山庄推出的"倾城"首饰系列，取意于《红楼梦》中"金陵十二钗"，以十二金钗的体态特征和具有代表性的场景为设计原型，将中国古典名著与翡翠首饰的设计融合，用简约时尚的语言表现古典场景（图7-33）。

　　传统艺术主要包括了琴棋书画和戏剧。"琴"可以是笛子、二胡、古筝、萧、鼓、古琴、琵琶等古乐器，可以将中国古典乐器融合时尚元素谱写出首饰乐章，如图7-34所示，将琵琶造型变幻成吊坠款式演绎金玉之音。"棋"可以是中国象棋、围棋，棋子、棋盘等，如图7-35所示，该手镯是第三届深圳（国际）珠宝首饰设计大赛学生组一等奖作品，设计灵感来源于中国传统运动——围棋，以黑白两色的对比和几何的线条体现对弈的激进与智慧。"书"泛指中国书法、篆刻印章、文房四宝、竹简等。"画"则指国画如山水画、写意画、壁画等，此类设计作品不妨以体现作品意境为亮点。"戏剧"包括京剧、川剧、黄梅戏、粤剧、花鼓戏、皮影戏等，其中京剧的脸谱与服装造型早已深入人心，名扬海外。如图7-36所示，此款吊坠是第四届中国珠宝首饰设计大赛获奖作品，取材于京剧旦角行头，采用白18K金、碧玺及黑玛瑙作为首饰材质。力求体现中华传统文化内在的、古典的精神。

## 四、传统节日、建筑与民间工艺的借鉴

　　中国有各种各样的传统节日，包含各种礼仪和习俗。其中春节、元宵

图7-34　玉翠山庄《玉乐飞歌》系列

图7-35　《博弈》
庄德霖设计

图7-36　《粉墨东方》胸针

节、端午节、七夕节、中秋节、重阳节等都是被人们熟知的，在设计时可以结合节庆期间特有的事物或者是固定的活动，比如春节里的鞭炮、对联，十二个生肖；端午节的龙舟活动，食用的粽子等。第六届金都杯入围作品《重阳节》（图7-37），反映了节日里人们登高望远时的情景。

图7-37 《重阳节》
李汶师设计

中国典型性建筑有长城、塔、庙宇、亭台楼阁、秦砖汉瓦等，随着"中国风"日益兴起，越来越多的设计师选用中国元素创作具有特色的饰品，如设计师万宝宝以中国的寺院宝塔作为设计灵感来源创作的耳坠（图7-38）。

剪纸、陶瓷、风筝、刺绣、中国结和泥人面塑是中国常见的传统工艺，与首饰工艺品十分相似。有的作品可以直接拿来为我所用，比如刺绣和陶瓷片作品可以整块镶嵌在首饰的表面，设计成具有古韵的当代首饰作品（如图7-39）。此外，民族服饰元素也是极佳的创作源泉，各个民族的服装和饰品都各有特色，粗犷、简朴，具有地域性特色，也蕴含了深远的民族文化。在对此类题材创作时，应把握大体的色彩感觉和形式构成，如图7-40的耳饰灵感来源于结婚时的红绣球，以极度夸张的尺寸和传统的题材、颜色诠释了时尚耳饰造型，并入围了2012年度HRD钻石设计大赛。

**图7-38　耳坠**
万宝宝设计

**图7-39　古瓷首饰**
欧金匠设计

图 7-40 《红绣球》
陈清松设计

### ❧ 第三节　几何抽象型的设计整合 ❧

　　流畅的线条，简约的造型，是这一风格的主旋律。其外观呈流线型或几何型，视觉感舒畅明快。点、线和面是几何抽象型首饰造型的基本手段和主要塑造手法，也是所有设计形式表现的基本要素。几何抽象型的珠宝是一种纯粹的视觉科学，融合了主观情感因素和理性设计构成原理，最终发展成为一种最简化的、最纯粹的视觉形式。它可以源于自然物体，却脱离了自然物体的表象，用抽象的语言描述心中的事物。几何抽象型的首饰设计可以以点、线、面为表现的基本元素，通过对称与均衡、对比与调和、节奏和韵律、比例和权衡这四个方面进行变化或组合。

图 7-41　塔思琦耳饰

## 一、点元素在首饰设计中的运用

单粒的宝石在某种程度上可以理解为点，比如小钻和珍珠具有"点"的特质，造线和造面的能力均较强。设计师们利用小圆钻、方钻、梯形钻、马眼钻、圆形珍珠、水滴形珍珠等，营造出整体效果豪华亮丽的首饰。在一定的排列组合下可以在视觉上呈现疏密、曲线、直线、面的效果。总体来说，单粒的点，简洁而纯粹（图7-41）。大小一致的多个点呈规则几何形均匀排列，会给人以稳定的感觉，使首饰有一定的空间性（图7-42）。从小到大的点有序排列，会给人递增（减）感、变化感（图7-43）。大小形状有别的点穿插无序排列，则会给人活泼动感（图7-44）。不同颜色和肌理的点聚集在一起所产生的视觉效应，丰富了首饰的层次，加强了表现的力度。点可以通过连接构成、不连接构成、重叠构成方式以及点的自由构成方式去组成线和面，产生各种丰富的首饰表情。

图 7-42　塔思琦《平衡系列》

图 7-43　珍珠胸针

图 7-44　宝格丽项链

图 7-45　大溪地珍珠首饰设计比赛
获奖作品《恒星》

## 二、线元素在珠宝设计中的运用

　　线是点移动的轨迹，是首饰设计造型的基本要素。单纯的线能够描述物象的轮廓，交代物体外形特征。线的粗细、曲直、倾斜、起伏等可以体现亦动亦静的状态，或者表露某种情感。比如，直线象征着冷静、刻板、稳定，曲线则代表了动感、不安。曲线和直线的粗细、交叉、平行、起伏等，都可以成为设计师情感的表露。从粗至细的放射线条会给人锋利感（图7-45），波浪起伏的弧形曲线会给人柔美感（图7-46）。在首饰设计上使用线的组合来表现物体外形，会比整个面化造型的首饰轻巧一些，也可以降低制作成本。

## 三、面元素在首饰设计中的运用

　　面的形成既有点的组合与排列，也包含线的重叠。面可以分为几何面和非几何面。几何面主要是指圆形、方形、椭圆形、三角形、梯形、菱形等，呈现单纯、简洁、明快的视觉特点，但是显得略为严肃与机械（图7-47）。非

图 7-46　第四届金都杯首饰设计大
赛获奖作品《轻舞飞扬》

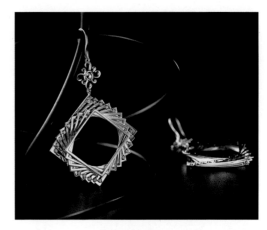

图 7-47　第三届深圳国际珠宝设计大赛
三等奖作品《冲》
钟诚设计

几何面则形态多样，没有固定的规律，呈现自由、生动、跳跃的视觉特征，情感丰富，但略为复杂。在首饰设计时，要充分使用点、线、面三个元素做造型，突出形式美感，运用立体构成中的对比、特异、重复、渐变、发射等方法进行构思，在视觉上形成节奏的变化，突出韵律美。并与色彩、肌理、纹样等多方面进行统筹兼顾，使首饰这个三维饰品层次更为丰富。美国建筑设计师法兰克·盖瑞

图7-48　扭转形手镯
法兰克·盖瑞设计

(Frank Owen Gehry)对特殊材料、流动形体和联锁结构运用得非常巧妙，他将独特的建筑设计风格巧妙糅合到了珠宝首饰设计中，比如著名的鱼形、扭转形（图7-48）首饰系列。几何抽象型首饰通过感性与理想的抽象，将点、线、面三者提炼与融合，设计作品成为了符号、精神形象或者是生命状态，留给佩戴者遐想的空间。

## 第四节　相关艺术的启发设计

　　艺术都是相通的，艺术思维引导着首饰设计与各科艺术交叉发展。首饰设计作为一门新兴的设计艺术，在长期的发展过程中不断受到社会历史的推动和多种艺术潮流的影响，并逐渐吸收和借鉴相关姊妹艺术的成果，扩展和丰富了自身的设计范围与艺术价值。首饰设计受到绘画艺术、建筑艺术、工业设计、服装设计、动画艺术等艺术门类的影响，并相互渗透融合，造就了现代首饰作品的时代特征和文化内涵，使之在形式范围和意境表达上融入了新鲜血液，为当代首饰设计的发展开辟了广阔的前景。

　　（1）首饰与绘画艺术。设计时可以将绘画的色彩或形式反映在首饰作品上，如图7-49中将梵高的名画《向日葵》设计成首饰套件，用白色、黄色和橙色的宝石群镶表现金色的向日葵，作品豪华而有魅力。而图7-50中的吊坠出自毕加索之女——帕洛玛·毕加索之手，作品灵感来源于纽约建筑物上的涂鸦作品，通过大胆的造型、抛光的表面、时尚的线条将涂鸦艺术表现在首饰中。

　　（2）首饰与建筑艺术。在上一节中提到建筑设计师法兰克·盖瑞的跨界首

饰设计作品，同样，首饰设计师也纷纷从建筑设计艺术中汲取创意灵感。这类首饰造型立体且充满空间感。由法国珠宝设计师菲利普·杜河雷（Philippe Tournaire）设计制作的"魔幻房屋"系列首饰（图7-51），运用世界上多种不同风格的建筑为模型，包括法式城堡、英式住宅、日式阁楼和阿拉伯式宫殿等，充满奇思妙想与地域特色。如图7-52所示的戒指则以中国上海世博会上的中国馆为灵感来源，创作了可以一款三戴的可拆卸式戒指，并获得2012年新加坡首饰设计大赛B组第二名。

图 7-49　向日葵首饰套件

图 7-50　Paloma's Graffiti 系列
帕洛玛·毕加索设计

图 7-51　"魔幻房屋"系列首饰

图 7-52　《东方之冠》
刘树金设计

（3）首饰与工业、服装设计。人类如今被工业化的城市所包围，从卡地亚以钉子为灵感创作的戒指（图7-53），到宝格丽瓦斯管造型设计的风靡全球（图7-54），还有蒂芙尼的钥匙吊坠系列，无不说明了人们对工业产品的亲近感与推崇。工业产品大到飞机、轮船、汽车，小到生活中的电话、笔、刀片等，题材范围广泛。对于工业产品的首饰化设计，可以对它们的外形进行归纳和总结。同样，对于服装类型的首饰设计，也可以将衣服、鞋靴、箱包的外形进行概括，将它们的造型等比例缩小，简化上面的细节（图7-55）。

图 7-53　卡地亚钉子戒指

图 7-54　宝格丽－瓦斯管系列首饰

（4）首饰与动画艺术。首饰的设计逐渐从华贵走向年轻化，首饰早已脱离了搭配高贵典雅晚礼服的局限，开始闪耀在各种休闲场合，为充满活力的青春装扮注入了无限的光彩和美丽。这样的风格已经在不知不觉中，掀起了一股强烈的卡通潮流旋风。这种充满童趣的首饰，把当代首饰带入到一个温馨、甜美的氛围。卡通片和漫画书里面的主

图 7-55　Tiffany 系列吊坠

人翁也是卡通首饰的主要题材，也可将生肖、星座设计卡通化。如结合电铸硬金产品特性设计的《三不猴》为系列产品，造型圆润而立体，体现猴子的可爱性（图7-56）。在设计时应考虑动画形象的版权问题，没有获得授权的情况下只能自行根据童话故事创作新的形象，图7-57所示为根据美人鱼的童话创作的胸针。如果是儿童首饰的话，追求的是可爱、天真、活泼的感觉，色彩艳丽、棱角圆润、体积较小。

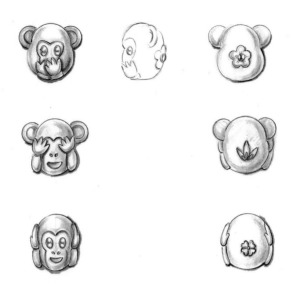

图 7-56 《三不猴》系列电铸硬金设计

图 7-57 美人鱼胸针

## 第五节 趣味化设计

　　首饰并不是独立放置的静物，而是人们亲自选购，将与人体某个或多个部位产生趣味性互动的物品。消费者可自由进行形态的选择和组合，通过产品的可变性来达到理想的效果。这种手法对于塑造产品系列特色有着显而易见的效果。因此，寻找并运用让人感觉到耳目一新的方法，就有可能在商业上取得好的效果。通过在造型、功能和互动性等方面注入视觉形态，并赋予首饰情感和生命，使得首饰作品更具趣味性、生活性、幽默性等特征，从而带给消费者新奇、玩乐的体会。人们视界中的吊坠、戒指、耳饰，被首饰设计师们重新审视打造，变为了形形色色的极具趣味的时尚首饰。首饰的趣味化设计可以从首饰的多功能性和首饰佩戴的多样化方面进行设计。

## 一、首饰的多功能设计

（1）实用性首饰设计。首饰不仅仅可以作为装饰品美化人类的身体，还可以兼备多种实用功能。比如，口红与黄金相结合打造的时尚戒指（图7-58），能够在享受美的同时给自身增加美。此外，也有新型技术与首饰相结合的智能化首饰，是可穿戴设备的珠宝化体现。比如TOTWOO是量产化的智能首饰品牌，该品牌所开发的"We Bloom绽放"系列具有计步、卡路里消耗计算、久坐提醒、紫外线监测等功能（图7-59），把传统珠宝设计和工艺与智能科技、移动互联进行了融合。

**图7-58　第一届黄金畅想优胜奖作品**
欧群叶设计

**图7-59　TOTWOO "We Bloom绽放"系列**

（2）首饰材质的多元化。在以"低碳环保"作为生活主题的当今社会，不妨尝试寻找一些新材料制作时尚首饰类型。比如采用纸张制作首饰，成本低廉，又有别样的风味，图7-60为阿根廷设计师Ana Hagopian的作品。

图7-60　纸首饰
Ana Hagopian 设计

## 二、首饰的可变形结构

首饰的可变形结构，是指首饰由于设计的巧妙性，能够让各部件进行改变调整所产生的变化型结构。这种类型的首饰充分考虑了佩戴者和首饰之间的互动性，通过人、饰之间的交互性体验过程，让佩戴者充分感受到首饰设计师创作的巧妙，以及感触饰品在改变过程中所带来的惊奇和喜悦感。在首饰设计过程中，需要设计师对首饰成型工艺有深入的了解，才能设计出适合生产工艺要求的首饰造型及产品结构。

### 1. 排列结构

选取单一或近似造型进行重复排列，主要表现在通过一定的排列方式，将各个部件或造型元素有机地组合，从而创造出新的首饰造型和结构。这些造型外形大体相同，在材质的选用、肌理的表现、颜色的处理上，可以存在一定的差异。如图7-61所示的潘多拉系列手链，该手链可与多种金、银配件，以及琉璃、珍珠、珐琅等搭配、互换，让消费者感受到DIY的乐趣，销量高居不下。

图7-61　潘多拉手链

### 2. 组合结构

组合型首饰结构一般由两件以上独立部件组成，自由搭配时可呈现三种及以上视觉效果。它的特点是首饰各部件结构相对简单，可以单独佩戴，也可以进行自由组合。作为形象的组合和相关操作的设计，系列开发组合的产品是一种非常有效的方法（图7-62）。图中首饰保持主体元素珠造型不变，内置的立方氧化锆可以变换颜色和琢型，重点开发副配件系列产品，采用圆形作为附配件设计元素，用构成中的重复、近似、渐变等视觉语言进行设计。消费者可自由进行形态的选择和组合，通过产品的可变性来达到理想的效果。

图 7-62　首饰的组合设计

### 3. 卡口结构

卡口结构利用金属材质的韧性与弹性，不同部位相互嵌入，形成互相紧扣的造型，可通过人为的外力将其轻松掰开。图7-63是在保留图7-62的产品主体造型基础上，继续开发的萤火虫系列产品。通过在萤火虫尾部装置卡口结构，实现可更换主体元素珠的功能。使元素珠首饰产品的形象与之前设计具有延续性，显得自然，而又产生焕然一新的面貌。

### 4. 螺旋结构

螺旋结构来源于工业和机械设计中，是可以通过同规格的螺杆与螺母拧在一起

图 7-63　卡口结构的首饰产品

达到紧密连接，起到紧固作用的结构。它是一种拆、装组合便捷，成本低廉的可变形结构。图7-64这款戒指充分利用金属的刚度，设计了可变形的螺旋结构，在宝石石碗背部制作一根螺旋管，在其余两个零配件和戒圈顶部的中间制作同规格的螺洞，旋转拧紧达到吻合的目的，从而可形成四种佩戴方式，充分地让消费者体会到"变幻"的乐趣。

图 7-64　螺旋结构的戒指设计

### 5. 折叠结构

折叠结构主要表现为首饰的造型元素以活动的结构连接在一起，可以在一定范围内折叠。其中，首饰折叠时表现为一种造型，展开时则呈现为另一种造型。如图7-65所示，此两用折叠式吊坠项链，设有的若干造型铰接组成封闭的环状，并在环状的开合处设有连接装置，使首饰在折叠起来的时候呈现圆形的吊坠形态；而在展开时，首饰又可以呈现截然不同线型项链的形态。通过结构的折叠和伸展实现多功能性，能够给人带来惊喜，使首饰充满趣味。

图 7-65　折叠结构的项饰设计

6. 翻转结构

首饰有一根轴作为支撑，正反两面可围绕轴线进行翻转。可将首饰主体造型，分割成两个或两个以上组成零部件，通过正反两面设计造型的区别，翻转零部件达到多种组合造型的效果。图7-66则以中式窗棂结构为灵感设计的吊坠，将金属材质的丝绒光泽衬托出天然珍珠的雅致，使首饰变得优雅而尊贵。同时利用翻转结构可带来四种佩戴方式，让流行首饰变得更加具有玩味、生动俏皮。

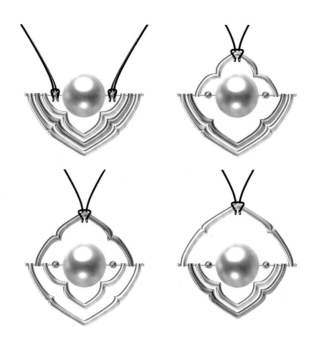

图7-66　翻转结构的吊坠设计

第八章

首饰加工基础

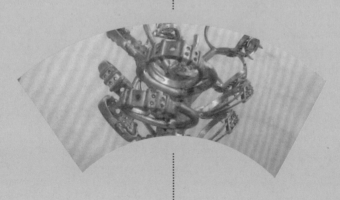

chapter
eight

首饰材料、加工工艺与首饰文化、设计、市场之间是密不可分的整体。一方面，首饰材料是首饰设计的物质载体，制作工艺是支撑首饰成品实现的技术手段。另一方面，金属材料的特性和加工工艺的发展又制约着首饰设计的创意发挥。了解首饰的材质和加工特点，设计时才能做到得心应手、游刃有余。

## 第一节　常用金属材料及特性

金属材料的特性决定了与之相适应的技术属性，直接制约着设计的发挥。用于首饰设计的金属一般有铂金、钯金、黄金、白银和铜，它们由于硬度、价格的不同会影响到首饰的设计和制作。

### 一、铂金

铂（铂金），英文名称Platinum，化学符号Pt，是一种呈银白色的贵金属，比银略显灰色。莫氏硬度是4.3，密度是21.45g/cm³，比银重2.042倍，熔点1772℃，具有良好的抗腐蚀性和抗氧化性。铂族元素中的铂和钯被珠宝首饰行业所选用，因为它们相对来说易加工，比同族的其他四种元素的熔点低，而铑则用于首饰的电镀。市场一般用作首饰材料的有Pt950、Pt900，即含铂量分别达到95%和90%，通常要添加其同族元素金属铱，以加强其硬度，便于生产。铂金是20世纪90年代在我国开始盛行，并且在人们眼中，铂金是搭配钻石的最佳金属，因为其高贵的白色，与钻石的白色相映生辉，以及其坚固的、易于加工的特性。

### 二、钯金

钯金主要是铂金的替代品，化学符号Pd。近几年，由于铂金受到产地的制约和市场影响，价格高居不下，价位相对较低的钯金逐渐在主流市场中出现。它和铂一样，同属于铂族元素，但比铂的颜色略暗，重量也轻得多。同样体积的铂金和钯金，钯的重量差不多是铂的一半（54.8%）。

### 三、黄金

黄金，英文名称Gold，它的化学符号是Au，熔点为1064℃，密度是

19.32g/cm³，莫氏硬度是2.5，是人类有史以来最早开发和利用的金属之一，有深厚的文化底蕴。黄金呈金黄色，外表柔和又光泽明亮。纯黄金的延展性极佳，1g纯金可以拉成3.5km、直径为0.00434mm的细丝。

纯金又称足金，纯度一般达到99%，含量达99.9%的黄金则称为"千足金"，达到99.99%纯度的黄金则称为"万足金"，数值越大纯度越高。由于纯黄金的硬度比较低，容易变形或者撞损，一般只制作摆设品或者是金币，常在表面设计浮雕的花纹效果。

## 四、K金

K金是指黄金和其他金属熔炼在一起后的合金，英文称为Karat Gold，简称"K-gold"或"K金"，是以金为主体的合金。常见的颜色有黄色、白色、红色和绿色，依次称为K黄金、K白金、K红金和K绿金，见表8-1和表8-2。

表8-1　不同颜色K金的配方

| 名　称 | 配　方 |
| --- | --- |
| K黄金 | 黄金、镍、铜和锌 |
| K白金 | 黄金、银、铜和锌 |
| K红金 | 黄金、银含量较多，铜较少 |
| K绿金 | 黄金、较多铜，少量银 |

表8-2　不同纯度K金的含金比例

| 名　称 | 含金比例 |
| --- | --- |
| 24K金 | 100% |
| 22K金 | 91.67% |
| 18K金 | 75% |
| 16K金 | 66.67% |
| 14K金 | 58.33% |
| 12K金 | 50% |
| 10K金 | 41.67% |

## 五、银

银与黄金一样，早在数千年前就被人类的祖先所认识，并且将其制成首饰、货币或者器皿。银是一种呈银白色的金属，化学符号为Ag，莫氏硬度2.7，密度10.53g/cm³，熔点960.5℃，沸点1980℃，它的反光率达95%，是金属中最高者。银的延展性仅次于黄金，具有良好的导热、导电性，主要作为工业用料。

用作首饰的银通常分为以下几种：一种是标准银，即常在市面上看到的925银，含有92.5%的银和7.25%的铜，这种银加入了其他金属，提高了自身的硬度，使其更适合加工制作首饰；另一种则称为足银，即含银量达到99%以上，也就是俗称的"纯银"，足银的硬度比较低，用来制作首饰或硬币表面极易受损，早期常用来加工一些器皿，比如杯子、烛台、花瓶、酒杯等，优点是加工容易；第三种是币银，顾名思义，这种银仅用于制币，含量为90%的银，10%的铜。

在首饰市场中常见到银饰品一般有以下几种：一、利用银易和空气中的二氧化硫和硫化氢起硫化反应变黑的特性，制作成怀旧的首饰，这种首饰表面不镀任何金属；二、银镀铑首饰，试图使其表面不变色，一般用来模仿K金和铂金的款式；三、银的摆件或者器具，比如市面上常见的银碗、银筷子，或者是纯银的中空电铸工艺制作的摆件；四、银质的纪念币，重点体现其货币的概念。

表8-3为常见金属密度列表，表8-4为常见金属熔点、表8-5为常见金属沸点。

表8-3　常见金属密度　　　　　　　（kg/cm³）

| 金 | 19.3 | 24K黄金 | 19.3 |
|---|---|---|---|
| 银 | 11.0 | 黄22K金 | 17.8 |
| 铁 | 5.6 | 黄18K金 | 15.4 |
| 铂 | 21.5 | 红18K金 | 15.1 |
| 钯 | 12.0 | 绿19K金 | 13.3 |
| 铜 | 8.9 | 黄14K金 | 13.4 |
| 镉 | 8.6 | 黄12K金 | 12.7 |
| 镍 | 8.9 | 黄 9K金 | 11.7 |
| 锌 | 7.2 | | |

表8-4　金属熔点 /℃

| 铂 | 1773 | 黄18K金 | 927 |
|---|---|---|---|
| 金 | 1063 | 红18K金 | 902 |
| 银 | 960 | 绿18K金 | 988 |
| 锡 | 232 | 白18K金 | 943 |
| 镉 | 610 | 黄14K金 | 879 |
| 铅 | 327 | 红14K金 | 935 |
| 锌 | 419 | 绿14K金 | 963 |
| 铝 | 659 | 白14K金 | 996 |
| 镍 | 1455 | 黄10K金 | 907 |
| 钯 | 1554 | 红10K金 | 960 |
| 黄铜 | 499 | 绿10K金 | 860 |
| 紫铜 | 1093 | 白10K金 | 1079 |
| 青铜 | 966 | 铜(70%)+铝(30%) | 754 |
| 粗铜 | 879 | 铜(80%)+锌(20%) | 994 |
| 银(92.5%) | 893 | | |

表8-5　金属沸点 /℃

| 铂 | 4350 | 黄铜 | 2712 |
|---|---|---|---|
| 金 | 1950 | 紫铜 | 2336 |
| 钯 | 2200 | 锡 | 2306 |
| 镍 | 2899 | 锌 | 2910 |

# 第二节　首饰加工方法概述

从设计图纸到首饰成品，必经首饰加工过程，其中涉及不同的加工方式。作为设计师，加强对首饰加工方法的学习能够提高设计图纸的精确性。能够较好地把握从设计图纸到首饰成品的差异性，减少设计上所走的弯路，并进一步提高生产效率。首饰加工的方法有许多，本节内容着重介绍的有手造法、冲压法以及铸造法。

# 一、手造法（起版）

手造法是最基础的加工步骤，主要用材有金、银、铜，它的优点是款式灵活，富于变化，做工精巧，款式专一性强。缺点是用时较长，费用高，制作量有限，不适合成批量生产。

① 压片、压条、拔丝。当拿到金属锭之后，要将其表面捶打光滑，然后退火。依照各个元件所需的重量、薄厚、粗细、长短，通过压延机、拔丝板、锤子、剪钳等工具，达到片状、丝状、平面以及剪切的效果，如图8-1是压片后的银片。

② 由繁到简分件制作。先制作比较零散的部件，把细节处理好，并采用锯、钻、锉、钳等工具进行精确的整修。如图8-2先测量好所需银条的长度，并将银条首尾焊接。

③ 摆坯焊接。根据图纸的设计，把零部件依序摆放在橡皮泥上，注意层次关系（图8-3）。然后把调配好的石膏浆浇在被橡皮泥粘住的零部件（图8-4）上，当石膏干燥后，去除橡皮泥（图8-5）。焊接的时候注意金属的熔点，选择比金属熔点略低60～120℃的焊料进行焊接，由高温到低温依次进行。使用焊炬、风球、油壶，以硼砂作为焊药，按照先大后小

图8-1　银片

图8-2　焊接好的银条

图8-3　橡皮泥上摆放零部件

图8-4 石膏浇浆

图8-5 除去橡皮泥

图8-6 焊接

的顺序焊接（图8-6）。

④ 成型修整。焊接完以后，首饰的大体轮廓就出来了。但这个时候的首饰是比较粗糙的，需要使用锉、砂纸、皮砂轮等工具进行整修，去除多余的焊料、锉痕，以及氧化变黄变黑的表层。需进行抛光、喷砂、电镀等表面处理工艺，并在超声波清洗机中清洁。如需镶嵌宝石的，先镶嵌副石，后镶嵌主石。出厂前还要在首饰上打印厂标、金银的K数以及宝石的重量等参数。

## 二、冲压法

冲压法是使用机器锻造、钢制模具的锻压法，冲压设备比浇铸设备昂贵。但对于需要极薄的部件和需要精致的细部图案的首饰应使用冲压法，要求所冲压的金属有一定的硬度。其优点是冲力强，压力大，适合硬度比较高的首饰或含金量较低的合金材料，适合大批量的加工生产。缺点是不适合足金一类硬度比较低的材质。

## 三、铸造法

铸造法又称失蜡浇铸法，早在四五千年前，中国和欧洲的先人们就已利用失蜡浇铸的原始方法来制取青铜质和金银质的工艺品。此种方法适用于白银、黄金、铂金、钯金、K金以及其他合金材料，是当前在珠宝工厂、中小型工作室都比较常用的珠宝首饰加工镶嵌方法。

① 手工起版过程。利用手造法使用银或铜制作出首饰的原形，考虑到收缩、损耗问题，原形尺寸比最终产品略大15%作为浇铸的样板，并在其适当的位置焊上水口棒，浇铸时能够引导液体的灌注。或者是直接起蜡版，用锯、锉、刀具等制作出首饰原形。

② 压制橡胶模。用橡胶模从两边挤压首饰样板，并利用热压机使橡胶紧实，然后用手术刀依据一定的技术手法将模片分割成两半（图8-7）。

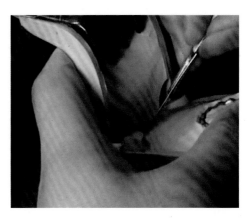

图8-7　切割胶模

③ 注蜡制取蜡模。将熔化的石蜡通过水口注入胶模中，待冷却后从胶模中小心取出，形成蜡模（图8-8）。将所有浇铸好的蜡模依次焊接在蜡棒上，形成一株蜡树（图8-9），较小的在顶部，较大的种在底部。枝丫的角度应在45°左右，以保证液态金属的灌注。

图8-8　形成蜡模

④ 失蜡获取石膏模。先将蜡树称重，以便换算所需熔铸的金属重量。然后将蜡树固定在铸笼内，注入预先调好的石膏。待石膏凝固后，把蜡高温蒸出，并进一步进行石膏的烘烤，制成石膏模（图8-10）。

⑤ 熔金浇铸，制取金属坯件。将准备好的金属原料熔成金水后浇铸到铸造机里的石膏模中，待冷却后形成首饰的毛坯（图8-11）。

图8-9　种蜡树

⑥ 执模。去除石膏模，取出首饰毛坯，并对其进行精细的修整，是首饰制作后期的工序，包括修锉水口、打磨、抛光、镶石、清洗等。处理完之后，便完成了首饰制作的所有步骤。

图 8-10 烘烤石膏模

图 8-11 金属坯件

# 附录

## 附录1 宝石中英文名称以及物理性质

附表1 宝石中英文名称以及物理性质

| 宝石名称 | 英文名称 | 莫氏硬度 | 透明度 | 主要色相 |
|---|---|---|---|---|
| 橄榄石 | Peridot | 6.5~7 | 透明 | 黄绿，绿 |
| 翡翠 | Jadeite | 6.5~7 | 半透明，不透明 | 绿，白，黄，橙，褐，紫 |
| 软玉 | Nephrite | 6.5~7 | 半透明，不透明 | 白，叶绿，绿，暗绿 |
| 绿帘石 | Epidote | 6~7 | 透明，半透明 | 黄，绿，褐，红 |
| 赤铁矿 | Hematite | 6.5 | 不透明 | 黑，灰 |
| 欧泊 | Opal | 5~6.5 | 透明，半透明 | 白，蓝黑，红，（多色闪烁） |
| 月长石 | Moonstone | 6 | 透明，半透明 | 乳白，灰，白，（乳光） |
| 日长石 | Sunstone | 6~6.5 | 透明，半透明 | 灰白，红灰白 |
| 天河石 | Amazonite | 6.5 | 不透明 | 青，青绿 |
| 蔷薇辉石 | Rhodonite | 6 | 不透明 | 粉红，红 |
| 绿松石 | Turquoise | 5.5~6 | 不透明 | 绿，青 |
| 青金石 | Lapis-lazuli | 5~6 | 不透明 | 蓝 |
| 顽火辉石 | Enstatite | 5.5 | 透明，半透明 | 黄，绿 |
| 透辉石 | Diopside | 5.5 | 透明，半透明 | 黄，绿，无色，蓝 |
| 绿铜矿 | Dioptase | 5 | 透明 | 绿 |
| 磷灰石 | Apatite | 5 | 透明 | 无色，粉红，黄，绿，蓝，紫 |
| 黑曜岩 | Obsidian | 5 | 半透明，不透明 | 黑，褐，灰，红，蓝，绿 |
| 萤石 | Fluorite | 4 | 透明，半透明 | 黄，蓝，粉红，紫，绿 |
| 菱锰矿 | Rhodochrosite | 4 | 半透明，不透明 | 粉红，红 |
| 孔雀石 | Malachite | 4 | 不透明 | 绿 |
| 蛇纹石 | Serpentine | 2.5~4 | 半透明，不透明 | 黄，绿，褐，白 |
| 硅(矽)孔雀石 | Chrysocolla | 2~4 | 不透明 | 蓝，绿 |
| 方解石 | Calcite | 3 | 透明，半透明 | 无色，粉红，紫，褐，白，黑 |
| 珍珠 | Pearl | 3.5~4 | 不透明 | 粉红，黄，白，灰，黑 |
| 珊瑚 | Coral | 3.5 | 不透明 | 红，粉红，白，黑 |
| 琥珀 | Amber | 2.5 | 透明，不透明 | 红，橙，黄，褐，白 |

| 宝石名称 | 英文名称 | 莫氏硬度 | 透明度 | 主要色相 |
|---|---|---|---|---|
| 托帕石 | Topaz | 8 | 透明，半透明 | 无色，黄，绿，青，橙，粉红 |
| 尖晶石 | Spinel | 8 | 透明 | 红，粉红，橙，紫，蓝，绿 |
| 钻石 | Diamond | 10 | 透明 | 无色，黄，褐，蓝，绿，粉红 |
| 红宝石 | Ruby | 9 | 透明 | 红，深红 |
| 蓝宝石 | Sapphire | 9 | 透明 | 无色，蓝，绿，紫，黄，褐 |
| 金绿宝石 | Chrysoberyl | 8.5 | 透明，半透明 | 黄，绿，褐 |
| 变石（亚历山大石） | Alexandrite | 8.5 | 透明，半透明 | 暗绿（日光），红（灯光） |
| 猫眼石 | Cat's eye | 8.5 | 半透明，不透明 | 黄，褐，灰（变彩） |
| 祖母绿 | Emerald | 7.5～8 | 透明 | 绿 |
| 海蓝宝石 | Aquamarine | 7.5～8 | 透明 | 海蓝青色，浅青 |
| 摩根石 | Morganite | 7.5～8 | 透明 | 粉红 |
| 金黄绿宝石 | Heliodor | 7.5～8 | 透明 | 黄绿 |
| 铁铝榴石 | Almandine | 7.5 | 透明，不透明 | 深红，暗红，黄，褐，黑 |
| 铁镁铝榴石 | Rhodolite | 7.5 | 透明 | 粉红，紫 |
| 镁铝榴石 | Pyrope | 7.5 | 透明 | 血红 |
| 翠榴石 | Demantoid | 7.5 | 透明 | 黄，绿 |
| 电气石，碧玺 | Tourmaline | 7～7.5 | 透明，不透明 | 无，紫，青，黄，褐，红 |
| 水晶 | Rock Crystal | 7 | 透明 | 无色 |
| 紫水晶 | Amethyst | 7 | 透明 | 紫色 |
| 黄水晶 | Citrine | 7 | 透明 | 黄色 |
| 烟晶 | Smoky Quartz | 7 | 透明，半透明 | 深褐，浅褐，变种黑晶 |
| 芙蓉石 | Rose Quartz | 7 | 透明，半透明 | 粉红 |
| 水晶猫眼 | Quartz Cat's eye | 7 | 不透明 | 黄，褐，灰 |
| 虎睛石 | Tiger's eye | 7 | 不透明 | 黄，黄褐（变彩） |
| 玉髓 | Chalcedony | 7 | 透明，半透明 | 蓝，白，灰，紫 |
| 绿玉髓 | Chrysoprase | 7 | 透明，半透明 | 绿 |
| 红玉髓 | Sard | 7 | 透明，半透明 | 褐，红褐 |
| 条纹玛瑙 | Sardonyx | 7 | 透明，半透明 | 红，白，（人工染色） |
| 黑玛瑙 | Blackonyx | 7 | 透明，半透明 | 黑，白，（人工染色） |
| 碧玉 | Jasper | 7 | 不透明 | 红，绿，褐 |

首／饰／设／计

# 附录2　宝石加工处理

附表2　宝石加工处理

| 宝石名称 | 莫氏硬度 | 宝石镶嵌 | 抛光处理 | 首饰烧焊修改 | 煮沸清洗 | 蒸汽清洗 | 酸泡镀金 | 注意事项 |
|---|---|---|---|---|---|---|---|---|
| 钻石 | 10 | 优 | 优 | 良 | 优 | 优 | 优 | 浸油或染油过的不可用高温处理 |
| 红宝石 | 9 | 优 | 优 | 良 | 良 | 良 | 良 | |
| 蓝宝石 | 9 | 优 | 优 | 加热可能褪色 | 良 | 良 | 良 | |
| 金绿猫眼 | 8.5 | 优 | 优 | 卸宝石再施工 | 良 | 良 | 良 | |
| 尖晶石 | 8 | 中-良 | 良 | 卸宝石再施工 | 一般~好 | 良 | 良 | 加热会失色或者破裂 |
| 托帕石 | 8 | 容易劈开 | 良 | 卸宝石再施工 | 差 | 差 | 良 | 加热会失色或者破裂 |
| 海蓝宝石 | 7.5~8 | 中-优 | 良 | 卸宝石再施工 | 差 | 中 | 良 | 避免温度急剧改变 |
| 祖母绿 | 7.5~8 | 压挤会崩裂 | 不可重压 | 卸宝石再施工 | 差 | 差 | 差 | 浸油处理会受高温影响 |
| 石榴石 | 7.5 | 压挤会破裂 | 良 | 差-中 | 差~一般 | 中 | 差~中 | 酸会影响宝石光泽 |
| 紫水晶 | 7 | 良 | 良 | 差~中 | 一般~好 | 中~良 | 中~良 | 加热可能改变宝石颜色 |
| 玉 | 6.5~7 | 优 | 中 | 卸宝石再施工 | 一般 | 可 | 避免 | 有染色的加热会变质 |
| 橄榄石 | 6.5~7 | 棱线易损 | 差 | 卸宝石再施工 | 差 | 差~中 | 差 | 避免剧烈温或压力 |
| 欧泊 | 5~6.5 | 差 | 不可重压 | 卸宝石再施工 | 避免 | 差 | 差 | 高温会导致龟裂或碎裂 |
| 青金石 | 5~6 | 中 | 差~中 | 差 | 差~中 | 中 | 避免 | 高温性酸会导致变色 |
| 绿松石 | 5~6 | 中 | 中 | 卸宝石再施工 | 避免 | 中 | 避免 | 避免酸泡，高温会爆裂 |
| 珍珠 | 3.5~4 | 中 | 差~中 | 卸宝石再施工 | 差 | 中 | 避免 | 高温会失色受损 |
| 珊瑚 | 3~4 | 中 | 中 | 卸宝石再施工 | 差 | 中 | 避免 | 高温性酸泡有害 |
| 贝壳 | 3.5 | 挤压易损 | 差~中 | 焊烧有疤痕 | 差 | 中 | 避免 | 高温性酸泡有害 |
| 象牙 | 2.5~3 | | 差~中 | 焊烧导致收缩 | 差~一般 | 良 | 差~可 | 有染色不可煮沸 |
| 琥珀 | 2~2.5 | 易刮伤 | 差 | 焊烧会熔掉 | 避免 | 差~中 | 避免 | 酸泡会溶解 |

# 附录3　珠宝设计的参考题材

## 附表3　珠宝设计的参考题材

### 1. 诞生月的代表宝石与花

| 月份 | 诞生石 | 诞生花 |
|---|---|---|
| 一 | 石榴石Garnet | 雪花Snowdrop |
| 二 | 紫水晶Amethyst | 紫罗兰Violet |
| 三 | 海蓝宝石 珊瑚Aquamarine & Coral | 水仙Daffodil |
| 四 | 钻石Diamond | 樱草花Primrise |
| 五 | 祖母绿Emerald | 法国百合Madonna |
| 六 | 珍珠 月长石Pearl & Moonstone | 玫瑰Rose |
| 七 | 红宝石Ruby | 康乃馨Carnation |
| 八 | 橄榄石 条纹玛瑙Peridot & Sardonyx | 石南花Heartther bell |
| 九 | 蓝宝石Sapphire | 秋麒麟草Golden Rod |
| 十 | 蛋白石 碧玺Opal & Tourmaline | 迷迭香Rosemary |
| 十一 | 托帕石 黄水晶Topaz & Citrine | 常春藤Ivy |
| 十二 | 绿松石 青金石Turquoise & Lapis-lazuli | 圣诞蔷薇XM Rose |

### 2. 结婚周年

| 结婚年数 | 名称 | 结婚年数 | 名称 |
|---|---|---|---|
| 1 | 纸婚 Paper | 15 | 水晶婚 Rock Crystal |
| 2 | 布婚 Cotton | 17 | 紫水晶婚 Amethyst |
| 3 | 皮婚 Leather | 20 | 瓷器婚 China |
| 4 | 丝婚 Silk | 25 | 银婚 Silver |
| 5 | 木婚 Wood | 30 | 珍珠婚 Pearl |
| 6 | 铁婚 Iron | 35 | 珊瑚婚 Coral |
| 7 | 铜婚 Copper | 40 | 红宝石婚 Ruby |
| 8 | 电气婚 Appliance | 45 | 蓝宝石婚 Sapphire |
| 9 | 陶器婚 Pottery | 50 | 金婚 Golden |
| 10 | 锡婚 Tin | 55 | 祖母绿婚 Emerald |
| 11 | 钢婚 Steel | 60 | 钻石（黄色）婚 Diamond |
| 12 | 麻婚 Linen | 65 | 蓝星石婚 Star-Sapphire |
| 13 | 吕丝纱婚 Lace | 70 | 钻石婚 Diamond |
| 14 | 苔玛瑙 Moss | | |

## 3. 十二星座与代表宝石

| 星　　座 | 日　　期 | 代表宝石 |
|---|---|---|
| 水瓶座 Aquarius | 1.20~2.18 | 红石榴石 Garnet |
| 双鱼座 Pisces | 2.19~3.20 | 紫水晶 Amethyst |
| 牡羊座 Aries | 3.21~4.20 | 血石 Bloodstone |
| 金牛座 Taurus | 4.21~5.20 | 蓝宝石 Sapphire |
| 双子座 Gemini | 5.21~6.20 | 玛瑙 Agate |
| 巨蟹座 Cancer | 6.21~7.22 | 祖母绿 Emerald |
| 狮子座 Leo | 7.23~8.22 | 条纹玛瑙 Sardonyx |
| 处女座 Virgo | 8.23~9.22 | 红玛瑙 Sard |
| 天秤座 Libra | 9.23~10.22 | 橄榄石 Peridot |
| 天蝎座 Scorpio | 10.23~11.22 | 绿宝石 Beryl |
| 射手座 Sagittarius | 11.23~12.21 | 托帕石 Topaz |
| 摩羯座 Capricorn | 12.22~1.19 | 红宝石 Ruby |

## 4. 季节的代表宝石

| 季节 | 代表宝石 |
|---|---|
| 春季 | 紫水晶 Amethyst、金绿宝石 Chrysoberyl、橄榄石 Peridot |
| 夏季 | 钻石 Diamond、石榴石 Garnet、金绿宝石 Chrysoberyl、尖晶石 Spinel、红宝石 Ruby、火欧泊 Fire Opal |
| 秋季 | 蓝宝石 Sapphire、烟水晶 Smoky Quartz、碧玺 Tourmaline |
| 冬季 | 钻石 Diamond、水晶 Crystal、绿松石 Turquoise、月长石 Moonstone、珍珠 Pearl |

## 5. 生日（星期）代表宝石

| 星期 | 代表宝石 | 英文名称 |
|---|---|---|
| 日 | 托帕石 | Topaz |
| 一 | 珍珠或水晶 | Pearl & Rock Crystal |
| 二 | 红宝石或祖母绿 | Ruby & Emerald |
| 三 | 紫水晶或磁石 | Amethyst & Magnetite |
| 四 | 蓝宝石或红玛瑙 | Sapphire & Sard |
| 五 | 祖母绿或猫眼石 | Emerald & Cat's-eye |
| 六 | 绿松石或钻石 | Turquoise & Diamond |

# 附录4 钻石尺寸对照表

附表4 钻石尺寸对照表

| 圆钻 | | 圆钻 | |
|---|---|---|---|
| 尺寸/mm | 重量/ct | 尺寸/mm | 重量/ct |
| 1.00 | 0.005 | 9.50 | 3.00 |
| 1.25 | 0.075 | 10.00 | 4.00 |
| 1.50 | 0.01 | 10.50 | 4.50 |
| 1.75 | 0.02 | 11.00 | 5.00 |
| 2.00 | 0.03 | 12.00 | 6.00 |
| 2.25 | 0.05 | 13.00 | 6.50 |
| 2.50 | 0.06 | 14.00 | 10.00 |
| 2.75 | 0.08 | 15.00 | 13.00 |
| 3.00 | 0.10 | 16.00 | 15.00 |
| 3.25 | 0.14 | 17.00 | 18.00 |
| 3.50 | 0.20 | 18.00 | 20.00 |
| 3.75 | 0.24 | 19.00 | 22.00 |
| 4.00 | 0.28 | 20.00 | 25.00 |
| 4.25 | 0.32 | | |
| 4.50 | 0.37 | | |
| 4.75 | 0.42 | 水滴形钻 | |
| 5.00 | 0.50 | 尺寸/mm | 重量/ct |
| 5.25 | 0.60 | 4×2 | 0.15 |
| 5.50 | 0.65 | 5×3 | 0.25 |
| 5.75 | 0.70 | 6×4 | 0.50 |
| 6.00 | 0.75 | 7×5 | 0.75 |
| 6.25 | 0.85 | 8×5 | 1.00 |
| 6.50 | 1.00 | 8.5×5.5 | 1.25 |
| 6.75 | 1.10 | 9×6 | 1.50 |
| 7.00 | 1.25 | 9.5×6.5 | 1.75 |
| 7.25 | 1.40 | 10×7 | 2.00 |
| 7.50 | 1.50 | 11×7.5 | 2.25 |
| 7.75 | 1.75 | 12×8 | 3.00 |
| 8.00 | 2.00 | 13×8 | 3.25 |
| 8.25 | 2.10 | 13×9 | 3.50 |
| 8.50 | 2.25 | 14×9 | 4.00 |
| 8.75 | 2.45 | 15×9 | 4.50 |
| 9.00 | 2.50 | 15×10 | 5.00 |

| 马眼形钻 | |
|---|---|
| 尺寸/mm | 重量/ct |
| 4×2 | 0.10 |
| 5×2.5 | 0.15 |
| 5×3 | 0.16 |
| 6×3 | 0.25 |
| 7×3.5 | 0.35 |
| 8×4 | 0.50 |
| 9×4.5 | 0.75 |
| 10×5 | 1.00 |
| 11×5.5 | 1.50 |
| 12×6 | 2.00 |
| 13×6.5 | 2.50 |
| 14×7 | 3.00 |
| 15×7.5 | 4.00 |
| 16×8 | 5.00 |
| 18×9 | 6.00 |
| 20×10 | 7.50 |
| 21×11 | 10.00 |

| 椭圆形钻 | |
|---|---|
| 尺寸/mm | 重量/ct |
| 5×3 | 0.25 |
| 6×4 | 0.50 |
| 6.5×4.5 | 0.75 |
| 7×5 | 1.00 |
| 8×6 | 1.50 |
| 8.5×6.5 | 2.00 |
| 9×7 | 2.50 |
| 10×8 | 3.00 |
| 11×9 | 4.00 |
| 12×10 | 5.00 |
| 13×11 | 5.50 |
| 14×10 | 6.00 |
| 14×12 | 6.50 |
| 16×12 | 8.50 |
| 18×13 | 11.00 |
| 20×15 | 12.50 |

| 公主方钻 | |
|---|---|
| 尺寸/mm | 重量/ct |
| 1.30 | 0.02 |
| 1.40 | 0.02 |
| 1.50 | 0.03 |
| 1.60 | 0.03 |
| 1.70 | 0.03 |
| 1.80 | 0.04 |
| 1.90 | 0.04 |
| 2.00 | 0.05 |
| 2.10 | 0.05 |
| 2.20 | 0.06 |
| 2.30 | 0.07 |
| 2.40 | 0.08 |
| 2.50 | 0.09 |
| 2.60 | 0.10 |
| 2.70 | 0.11 |
| 2.80 | 0.12 |
| 2.90 | 0.13 |
| 3.00 | 0.14 |
| 3.10 | 0.15 |
| 3.20 | 0.20 |
| 3.30 | 0.23 |
| 3.40 | 0.25 |
| 3.50 | 0.30 |
| 3.60 | 0.33 |
| 3.70 | 0.35 |
| 3.80 | 0.36 |
| 3.90 | 0.38 |
| 4.00 | 0.40 |

| 三角形钻 | |
|---|---|
| 尺寸/mm | 重量/ct |
| 4×4 | 0.25 |
| 4.5×4.5 | 0.35 |
| 5×5 | 0.50 |
| 6×6 | 0.75 |
| 6.5×6.5 | 1.00 |
| 7×7 | 1.25 |
| 7.5×7.5 | 1.50 |
| 8×8 | 2.00 |
| 9×9 | 3.00 |
| 10×10 | 4.00 |
| 11×11 | 5.00 |
| 12×12 | 6.00 |
| 13×13 | 6.50 |

# 参 考 文 献

［1］任进. 首饰设计基础［M］. 武汉：中国地质大学出版社，2003.

［2］［日］大场子. 珠宝设计绘图入门［M］. 蔡美凤，译. 台北：珠宝界杂志社，1995.

［3］［日］日本珠宝学院. 珠宝设计制作入门［M］. 蔡美凤，译. 台北：珠宝界杂志社，2000.

［4］钟邦玄. 珠宝设计讲义［M］. 台北：经纶图书有限公司，1999.

［5］刘强. 首饰设计与制造技术［M］. 广州：岭南美术出版社，1997.

［6］邵萍. 珠宝首饰设计·手绘技法［M］. 北京：人民美术出版社，2007.

［7］邹宁馨，伏永和，高伟. 现代首饰工艺与设计［M］. 北京：中国纺织出版社，2005.